电工电子技术

主　编　邹仁平　曹　伟　张　超
副主编　牟　伟　常雪莲　田治礼　王淑娇
参　编　解淑英　于善强　潘翠云　辛成涛

北京理工大学出版社
BEIJING INSTITUTE OF TECHNOLOGY PRESS

内 容 提 要

本教材从高职教育的培养目标出发,依据教育部制定的高职高专教育电工电子技术课程的教学要求,同时参考了有关行业的职业技能鉴定规范及电子电气国家标准,采用任务驱动、项目式教学模式编写。

全书的主要内容分为八个项目,包括电路与元件的认识、直流电路的分析与计算、日光灯电路分析、三相正弦交流电路设计、机床电气控制电路、声光报警电路分析、直流稳压电源和四路抢答器的分析与调试。为了便于学习,每个项目都含有项目导读、案例引入、项目目标等内容,并且配有相应的项目自测习题。

本书可供高职高专院校、成人高校及民办高校工科非电专业的学生使用,也可供从事相关专业的技术人员和自修人员参考。

图书在版编目(CIP)数据

电工电子技术 / 邹仁平,曹伟,张超主编. —北京:北京理工大学出版社,2020.8
ISBN 978 - 7 - 5682 - 8556 - 8

Ⅰ.①电… Ⅱ.①邹… ②曹… ③张… Ⅲ.①电工技术②电子技术 Ⅳ.①TM②TN

中国版本图书馆 CIP 数据核字(2020)第 096180 号

出版发行 / 北京理工大学出版社有限责任公司
社　　址 / 北京市海淀区中关村南大街 5 号
邮　　编 / 100081
电　　话 / (010)68914775(总编室)
　　　　　 (010)82562903(教材售后服务热线)
　　　　　 (010)68948351(其他图书服务热线)
网　　址 / http://www.bitpress.com.cn
经　　销 / 全国各地新华书店
印　　刷 / 涿州市新华印刷有限公司
开　　本 / 787 毫米×1092 毫米　1/16
印　　张 / 10.5　　　　　　　　　　　　　　　　　责任编辑 / 张鑫星
字　　数 / 248 千字　　　　　　　　　　　　　　　文案编辑 / 张鑫星
版　　次 / 2020 年 8 月第 1 版　2020 年 8 月第 1 次印刷　　责任校对 / 周瑞红
定　　价 / 48.00 元　　　　　　　　　　　　　　　责任印制 / 施胜娟

前言
Preface

电工电子技术是高等院校工科类专业的基础课程之一，也是一门实践性和应用性很强的技术基础课程。本教材根据高等院校培养人才的特点和目标，以高等院校教育电工电子技术课程教学要求为指导，以符合机电类职业资格标准和相关岗位实用理论知识和技能为原则，以新的教学理念和教学模式对传统电工电子技术知识体系进行了合理取舍和优化重组后编写而成。

本教材以就业为导向，以应用为目的，以基础知识和基本技能为引导，采用案例驱动、项目导向的教学模式，将"教、学、做"有机地融为一体，加强了对学生兴趣和能力的培养，让学生在完成学习任务的过程中，体验工作过程，掌握各种工作要素及其相互之间的关系，从而达到培养职业能力和提高职业素养的目的，使学生学会工作、学会做事。

本书具有以下特点：

（1）以案例引导内容。本书采用项目导入、任务驱动的编写方式，将本课程的主要教学内容设计为电路与元件的认识、直流电路的分析与计算、日光灯电路分析、三相正弦交流电路设计、机床电气控制电路、声光报警电路分析、直流稳压电源和四路抢答器的分析与调试八个教学项目。为了便于学习，每个项目都含有项目导读、案例引入、项目目标等内容，并且配有相应的项目自测习题。

（2）以实践掌握理论。电工电子技术知识理论性强、实践性强，学生仅学习理论难以真正理解和掌握这些知识。按照项目教学形式进行编写，有利于组织理、实一体化教学，真正实现"做中教、做中学"，从而达到理想的教学效果。

（3）注重实用，可读性强。本书力求突出实用性和针对性，降低理论难度，减少推算；讲解知识力求循序渐进、通俗易懂；内容取舍上以够用为度，实践操作上力求培养学生动手能力。全书内容条理清晰，语言流畅，可读性强。

本书为新媒体教材，配有相关PPT课件等教学资源，对于重要的教学内容均配备了视频资源，读者扫描二维码便可观看相应视频，使用起来方便快捷，学习知识更是直观高效。

本书由烟台汽车工程职业学院邹仁平、曹伟、江苏城乡建设职业学院张超担任主编，烟台汽车工程职业学院牟伟、常雪莲、东营职业学院田志礼、山东协和学院王淑娇担任副主编，烟台汽车工程职业学院谢淑英、于善强、潘翠云、辛成涛参编。其中项目一、项目二、项目三由邹仁平、曹伟、于善强编写，项目四、项目五由张超、田志礼编写，项目六由牟伟、王淑娇、谢淑英编写，项目七、项目八由常雪莲、潘翠云、辛成涛编写。

由于编者水平有限，编写时间仓促，书中难免有错漏之处，诚请读者批评指正，以便今后改正。

编　者

目录
Contents

电路与元件的认识

项目导读

家里的空调、电扇、洗衣机、冰箱、电脑等家用电器为什么通入电源就能工作？这些电器的电压、电流又是多少呢？家里一个月要交多少电费呢？本项目将在基本电路讲解的基础上，介绍各种基本物理量和元件，并教大家安全用电。

案例引入

某电路如图 1-1 所示，电压 U 为 10 V，有 4 盏相同的电灯，额定电压为 10 V，额定功率为 10 W，除 2 号灯不亮外其他 3 个灯都亮。当把 2 号灯从灯座上取下后，剩下 3 个灯仍亮，2 号灯接入其他电路时正常发光，问电路中有何故障？为什么？如果用电流表测电路总电流 I，示数为多少？如果 4 盏灯全部正常使用，2 h 消耗多少电能？

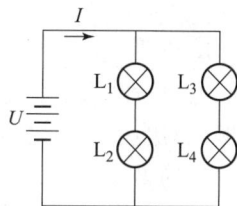

图 1-1　电路

项目目标

（1）掌握电路的基本组成及各部分在电路中的作用；
（2）掌握电流、电压、电动势、电能和电功率等基本物理量；
（3）理解电阻的标注方法和伏安特性；
（4）掌握电阻串联、并联的特点，并能进行电路的等效变换；
（5）理解电容元件的基本内容及电容的连接；
（6）理解电感元件的基本内容及电感的连接；
（7）熟悉安全用电的基本知识。

任务 1　初识电路

电能具有易于产生、传输、分配、控制和测量等优点，因此电能在工农业生产和人们的日常生活中占有极为重要的地位。从电能的产生到电力的应用，包含着一系列的变换、传输、保护和控制过程。

1.1　电路的组成

电路就是电流通过的路径。实际的电路通常由各种电路实体部件（如电源、电阻器、电感线圈、电容器、变压器、仪表、二极管、三极管等）组成，每一种电路实体部件具有各自不同的电磁特性和功能。人们按照需要，把相关电路实体部件按一定方式进行组合，就组成了一个个电路。日常生活中最典型的电路（手电筒电路）如图 1-2 所示，它由以下四个部分组成。

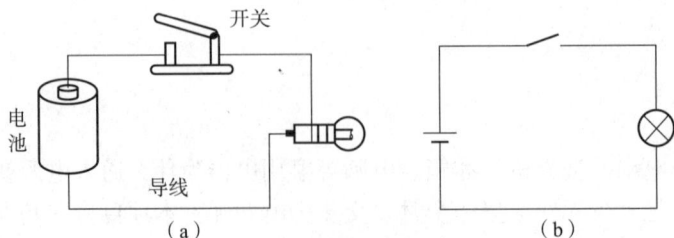

图 1-2　手电筒电路
(a) 实物电路图；(b) 电路图

1. 电源

电源是供给电能的设备，如干电池、蓄电池和发电机，其作用是将其他形式的能量，如化学能、太阳能、机械能、核能等转换为电能。

2. 负载

负载是使用电能的设备，如电灯、电动机等一切用电设备，其作用是将电能转换成其他形式的能量。

3. 中间环节

中间环节是传输电能的设备，如铝导线、铜导线、变压器、变频器等，其作用是将电源和负载连接起来，构成电流的通路，传输电能。

4. 低压电器

低压电器是控制电能的设备，如开关、熔断器等，其作用是控制电路的通断，并保护电源与负载不受损坏。

电路有内电路和外电路之分。对电源来说，由负载、中间环节和低压电器组成的电路称为外电路；电源内部的电路则称为内电路。

图 1-2 (a) 所示为电气设备的实物电路图。它的优点是直观，缺点是画起来较复杂，不便于分析和研究。因此在设计、安装和维修电气设备时，人们常用规定的图形与符号表示电路连接情况，这个图称为电路图，如图 1-2 (b) 所示。常用的标准图形符号如图 1-3 所示。

1.1 电源与电池

图 1-3 常用的标准图形符号

(a) 电灯；(b) 开关；(c) 电源；(d) 固定电阻；(e) 电动机；
(f) 二极管；(g) 电容；(h) 接地

1.2 电路的作用

人类对电能的利用主要体现在两个方面：一是作为能源，二是作为信号。因此电路的作用也有以下两个方面：

（1）实现电能的传输和转换。

如图 1-4 所示，人们通过电网（电路）将发电站发出的电输送到各个用电的地方，供各种电气设备使用，将电能转换成我们所需要的各种能量。这类电路的特点是大功率、大电流。

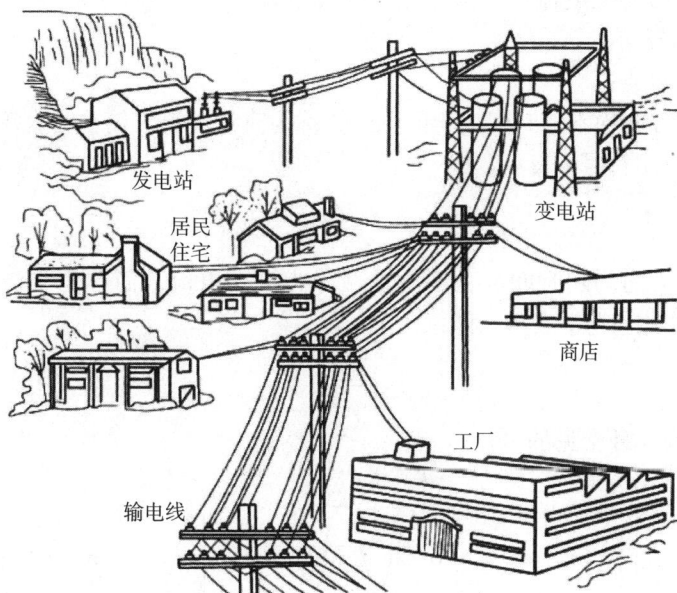

图 1-4 电能的传输和转换

（2）实现信号的传输、处理和储存。

如图 1-5 所示扩音机电路，话筒将声音的振动信号转换为电信号，即相应的电压和电流，经过放大处理后，通过电路传递给扬声器，再由扬声器还原为声音。这类电路的特点是功率低、电流小。

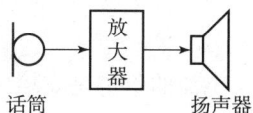

图 1-5 扩音机电路

1.3 电路的状态

电路的状态一般有三种：通路、开路和短路。

1. 通路

电路中各元件连接成通路，电路中有电流通过。

2. 开路

电路断开，电路中没有电流通过，也称为断路。

3. 短路

电源两端用导线直接相连时，电路中的电流不经过负载，而是直接回到电源。短路时电路中的电流很大，会烧坏电源和负载，所以要避免短路的情况。

任务 2　认识电路的基本物理量

2.1　电流

2.1.1　电流的大小和方向

电荷的定向移动形成电流。其大小定义为单位时间（t）内通过导体横截面的电荷量（Q），用符号 I 或 i 表示。

电流主要分为两类：

一类是大小和方向均不随时间变化的电流，称为直流电流，简称为直流（简写为 DC 或 dc），其电流的大小用符号 I 表示，即

$$I = \frac{Q}{t} \tag{1-1}$$

一类是大小和方向均随时间变化的电流，称为交变电流，简称为交流（简写为 AC 或 ac），其电流的大小用符号 i 表示，即

$$i = \frac{\mathrm{d}q}{\mathrm{d}t} \tag{1-2}$$

图 1-6 所示为几种常见的电流。

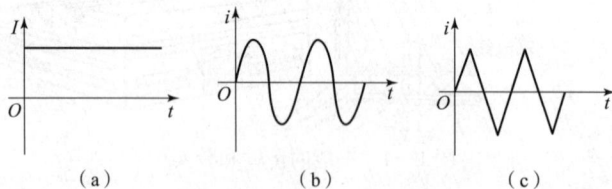

图 1-6　几种常见的电流

（a）直流电流；（b）正弦交流电流；（c）锯齿交流电流

电流的单位是安培（A），常用的还有千安（kA）、毫安（mA）或微安（μA）。它们之间的换算关系为

$$1 \text{ kA} = 10^3 \text{ A}$$

$$1 \text{ A} = 10^3 \text{ mA} = 10^6 \text{ μA}$$

边学边练

例：如果在 5 s 内均匀流过某导体横截面的电荷量为 10 C，问流过该导体的电流是多少毫安？

解：已知 $Q = 10$ C，$t = 5$ s，则

$$I = \frac{Q}{t} = \frac{10}{5} \text{ A} = 2 \text{ A} = 2\,000 \text{ mA}$$

电流有大小有方向，我们通常把正电荷的运动方向定义为电流的实际方向。在电路较复杂时，我们很难直接确定电流的实际方向。为了分析电路方便，在一段电路中，我们事先任意假定一个电流方向作为电流的参考方向。电流的参考方向可以任意假设，但电流的实际方向客观存在，因此，假设的电流参考方向并不一定是电流的实际方向。在对电路中的电流设定了参考方向后，若经计算得出电流为正值，说明所设参考方向与实际方向一致，若经计算得到电流为负值，说明所设参考方向与实际方向相反。

电流的参考方向在图上用实线箭头表示，实际方向用虚线箭头表示。电流的实际方向和参考方向的关系如图 1-7 表示。在本书中，电路图上所标的电流方向均为参考方向。

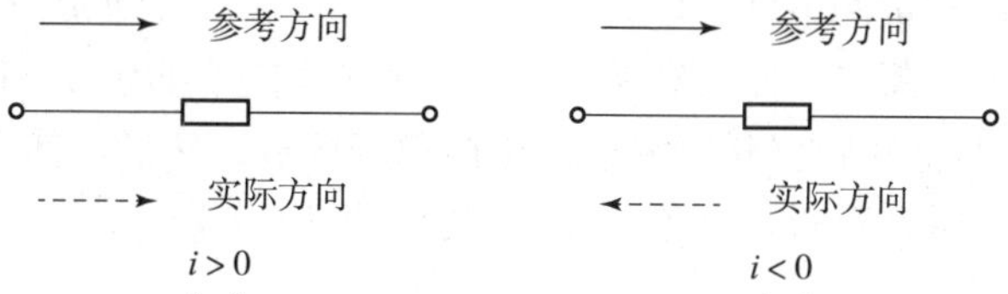

图 1-7 电流参考方向和实际方向的关系

（a）电流参考方向与实际方向一致；（b）电流参考方向与实际方向相反

小提示

参考方向不一定是实际方向，在选定参考方向后，电流数值的正负才是完整、正确且有意义的。

2.1.2 电流的测量

电流的测量是电工测量中最基本的测量。本书介绍采用数字万用表测量电流的方法。数字万用表是电力电子等部门不可缺少的测量仪表，如图 1-8 所示，一般以测量电压、电流和电阻为主要目的。数字万用表是由

1.2 万用表介绍

磁电系电流表（表头）、测量电路和选择开关等组成的。通过选择开关的变换，我们可方便地测量直流电流、直流电压、交流电流、交流电压、电阻和音频电平等，有的万用表还可以测电容量、电感量及半导体的一些参数（如 β）等。

使用数字万用表进行测量时，我们首先应根据测量对象选择相应的挡位，然后估计测量对象的大小，选择合适的量程。如果无法估计测量对象的大小，则应先选择该挡位的最大量程，然后根据显示情况逐步减小量程，直至能够准确显示读数。选择测量量程时，应尽量使 LCD 显示屏中显示较多的有效数字，以提高测量精度。如果显示器只显示"1"，表示过量程，挡位旋钮应置于更高量程。

图 1-8 数字万用表

LCD显示屏
功能按键
三极管测量四脚插孔
声光报警指示灯
功能量程选择开关
COM输入端
其余测量输入端
表笔
10 A电流输入端

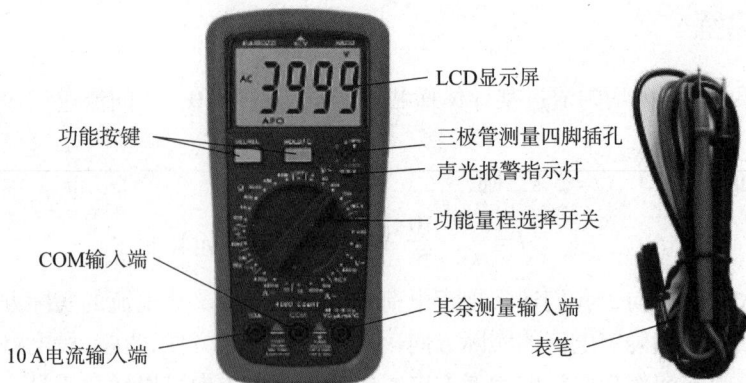

1.3 万用表测电流

用数字万用表测量电流的时候要区分直流和交流,如图 1-9 所示,下面分别进行说明。

1. 直流电流的测量

将黑表笔插入万用表的"COM"孔,如果所要测量的电流比较大,估计为 A 级别,则要将红表笔插入"10 A"插孔;如果所要测量的电流比较小,为 mA 级别,则将红表笔插入"mA"插孔。万用表应与被测电路串联,将电路相应部分断开,如图 1-9(a)所示,红表笔接在和电源正极相连的断点,黑表笔接在和电源负极相连的断点,将挡位旋钮调到直流挡(A-)的合适位置,调整好后,开始测量,保持稳定接触,从显示屏上读取测量数据即可,如图 1-9(b)所示。用完后断开电源,按要求收好万用表。

2. 交流电流的测量

测量方法与直流电流的测量方法基本相同,不过挡位应该调到交流挡位(A~),红黑表笔不分正负串入被测电流回路即可测量,如图 1-9(c)所示。

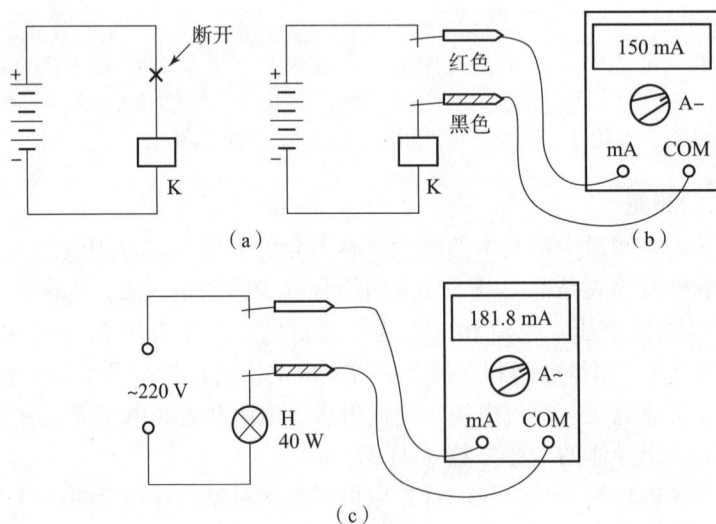

图 1-9 万用表测量电流
(a)断开相应部分电路;(b)测量直流电流;(c)测量交流电流

2.2 电压与电动势

2.2.1 电压的大小和方向

电荷在电场力的作用下移动，电场力要做功。在电路中，把电场力将单位正电荷从 a 点移到 b 点所做的功称为 a、b 两点间的电压，用符号 U 或 u 表示。

在直流电路中，电压为一恒定值，用 U 表示，即

$$U = \frac{W}{Q} \tag{1-3}$$

在交流电路中，电压为一变值，用 u 表示，即

$$u = \frac{\mathrm{d}w}{\mathrm{d}q} \tag{1-4}$$

电压的单位是伏特（V），常用的还有千伏（kV）、毫伏（mV）或微伏（μV），它们之间的换算关系为

$$1 \text{ kV} = 10^3 \text{ V}$$
$$1 \text{ V} = 10^3 \text{ mV} = 10^6 \text{ μV}$$

电压和电流一样，不仅有大小，而且有方向。我们规定电位真正降低的方向为电压的实际方向。对于负载来说，电流流入端为电压的正极，电流流出端为电压的负极。在分析电路时，也需要事先选择电压的参考方向，电压的参考方向也是任意选择的。电压参考方向在电路图中有三种表达方法，第一种用"+""−"极性表示，如图 1-10（a）所示；第二种用双下标 u_{ab}（电压参考方向由 a 点指向 b 点）表示，如图 1-10（b）所示；第三种用实线箭头表示，如图 1-10（c）所示。

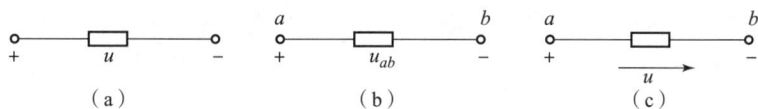

图 1-10 电压的参考方向
(a)"+""−"极性；(b) 双下标；(c) 实线箭头

在设定的参考方向下进行计算，若计算后得到的电压值为正，则说明电压的参考方向与实际方向一致；若为负，则参考方向与实际方向相反，如图 1-11 所示。

在电路分析中，电流和电压的参考方向可以任意单独假设，但是为了分析电路方便，通常将一段电路或一个元件的电压和电流设成关联参考方向，即电流从电压的"+"极流向"−"极，如图 1-12 所示；否则为非关联参考方向。

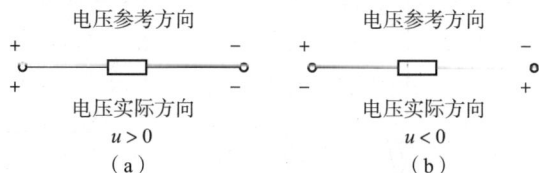

图 1-11 电压的实际方向和参考方向的关系
(a) 电压的实际方向与参考方向一致；
(b) 电压的实际方向与参考方向不一致

图 1-12 电压和电流参考方向关联

2.2.2 电动势的大小和方向

为了使电路中有持续不断的电流，电源内部存在一种力，把正电荷从电源的负极移到正极，这种克服电场力把单位正电荷由电源负极移到正极所做的功称为电动势。电动势用来表示电源把其他形式的能转换为电能的本领，用 E 表示，即

$$E = \frac{W}{Q} \tag{1-5}$$

电动势的单位也是伏特（V），其只存在于电源内部，实际方向与电压方向相反，即由电源的负极指向正极，如图 1-13 所示。

图 1-13 电动势的方向

小提示

电动势与电压是容易混淆的两个概念，其区别如下：

（1）电动势是把单位正电荷从负极经电源内部移到正极所做的功，而电压表示电场力把单位正电荷从电场中的某一点移到另一点所做的功；

（2）电动势的方向是由低电位指向高电位，而电压的方向是由高电位指向低电位；

（3）电动势仅存在于电源内部，而电压不仅存在于电源两端，还存在于电源外部。

2.2.3 电压的测量

1. 直流电压的测量

测量直流电压时，红表笔插入"VΩ"插孔，为正表笔；黑表笔插入"COM"插孔，为负表笔。转动功能量程选择开关至直流挡"V-"，数字万用表构成直流电压表，直接并接于被测电压两端即可测量。例如，需测

1.4 万用表测电压

量某电池的电压，可将正表笔接电池正极、负表笔接电池负极，如图 1-14 所示，LCD 显示屏即显示出被测电池的电压。

2. 交流电压的测量

测量交流电压时，红表笔插入"VΩ"插孔，黑表笔插入"COM"插孔，转动功能量程选择开关至交流电压挡"V~"，数字万用表构成交流电压表，两表笔不分正、负直接并接于被测电压两端即可测量。图 1-15 所示为测量交流 220 V 电压的例子，测量选择开关置于交流电压挡，两表笔不分正、负分别插入电源插座的两个插孔，LCD 显示屏即显示出被测的电压为 220 V。

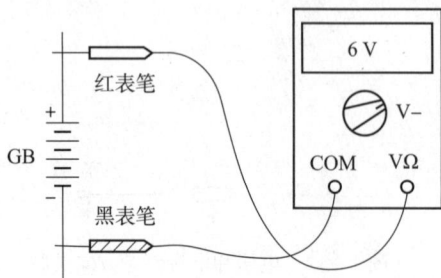

图 1-14 直流电压的测量

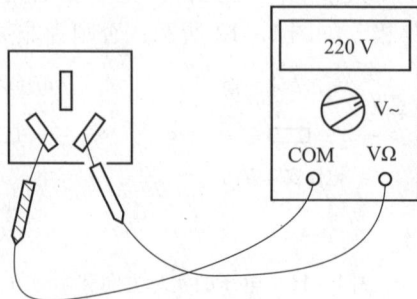

图 1-15 交流电压的测量

2.3 电位

在进行电路研究时，常常要测量或分析电路中各点与某个固定点之间电压的情况，我们把该固定点称为参考点，把电路中各点与参考点之间的电压称为各点的电位。电位通常用字母 V 表示，如 A 点的电位记作 V_A。电位与电压的单位相同，都是伏特（V）。

参考点的电位规定为零，在电路图中常用符号"⊥"表示。当参考点选定后，电路中各点的电位便有了固定的数值。

电路中任意两点间的电位差就等于这两点之间的电压，故电压又称为电位差，即

$$U_{AB} = V_A - V_B \qquad\qquad (1-6)$$

通常我们把电气设备接地点设为零电位点。电气设备机壳可设为零电位点，电路中的公共零线和公共接点也可设为零电位点，电子电路中许多元件汇集在一个公共点上（但线路不一定接地），我们也可指定这一点为零电位点。

小提示

零电位点（参考点）的选择是任意的，但要注意对于同一电源的电路，只能有一个零电位点。

电路中某点电位的计算方法与步骤：

（1）选择参考点；

（2）由电源电动势和各电阻的阻值确定电路中电流的方向和大小并标出各元件两端电压的正负极；

（3）列出选定路径上电压、电动势代数和方程。从被求点开始，通过一定的路径（尽可能选最简单的路径）绕到零电位点，该点的电位等于此路径上全部电压降的代数和。当电阻中电流方向与绕行方向一致时，电阻的电压为正，反之为负；当电源电动势的方向与绕行方向相反时，电动势取正值，反之取负值。

边学边练

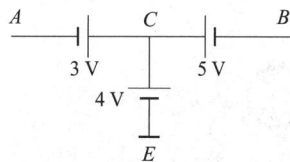

图 1-16 电路图

例： 如图 1-16 所示，（1）若 $V_E = 0$ V，求 V_A、V_B、V_C 和 U_{AB}、U_{CB}、U_{EA}。

（2）若 $V_B = 0$ V，求 V_A、V_B、V_C 和 U_{AB}、U_{CB}、U_{EA}。

解：（1）若 $V_E = 0$ V，则

$$V_A = 4 - 3 = 1(V)$$
$$V_B = 4 - 5 = -1(V)$$
$$V_C = 4 \text{ V}$$
$$U_{AB} = V_A - V_B = 1 - (-1) = 2(V)$$
$$U_{CB} = V_C - V_B = 4 - (-1) = 5(V)$$
$$U_{EA} = V_E - V_A = 0 - 1 = -1(V)$$

（2）若 $V_B = 0$ V，则

$$V_A = 5 - 3 = 2(\text{V})$$
$$V_E = 5 - 4 = 1(\text{V})$$
$$V_C = 5 \text{ V}$$
$$U_{AB} = V_A - V_B = 2 - 0 = 2(\text{V})$$
$$U_{CB} = V_C - V_B = 5 - 0 = 5(\text{V})$$
$$U_{EA} = V_E - V_A = 1 - 2 = -1(\text{V})$$

小提示

电路中各点的电位值与参考点的选择有关，即电位具有相对性。当所选的参考点变动时，各点的电位值将随之变动。任意两点间的电压是两点之间的电位差，它与电路中参考点的选择无关，即电压具有绝对性。

2.4 电功率

在电路的分析和计算中，功率和能量是很重要的概念。一方面，电路在工作时总伴随有与其他形式能量的相互转换；另一方面，电气设备和电路元件本身都有功率的限制，在使用时要注意不能超过其额定值，以防造成设备损坏或者导致不能正常工作。

电功率定义为单位时间内电路吸收或消耗的能量，简称功率，即

$$p = \frac{\mathrm{d}w}{\mathrm{d}t} = ui \qquad (1-7)$$

在直流电路中，上式可写成

$$P = UI \qquad (1-8)$$

采用式（1-7）、式（1-8）计算功率时，电压和电流选择为关联参考方向。若电压与电流选择为非关联参考方向，则

$$p = -ui \text{ 或 } P = -UI \qquad (1-9)$$

功率的单位是瓦特（W），常用单位还有千瓦（kW）和毫瓦（mW），它们的换算关系如下：

$$1 \text{ kW} = 10^3 \text{ W} = 10^6 \text{ mW}$$

小提示

无论电压和电流选择关联参考方向还是非关联参考方向，在计算某个元器件的功率时，主要有以下几种情况：

（1）$p > 0$，说明该元器件吸收（或消耗）电能，为负载；

（2）$p < 0$，说明该元器件放出（或产生）电能，为电源；

（3）$p = 0$，说明该元器件不产生也不消耗电能。

边学边练

例：计算如图 1-17 所示电路中各元件的功率，分别指出它们是吸收还是放出电能，并求整个电路的功率。已知电路为直流电路，$U_1 = 4$ V，$U_2 = -8$ V，$U_3 = 6$ V，$I = 2$ A。

解： 元件 1 电压与电流为关联参考方向，得

$$P_1 = U_1 I = 4 \times 2 = 8 (\text{W})$$

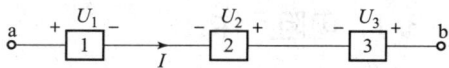

图 1-17　电路

$P_1 > 0$，故元件 1 吸收电能。

元件 2 电压与电流为非关联参考方向，得

$$P_2 = -U_2 I = -(-8) \times 2 = 16 (\text{W})$$

$P_2 > 0$，故元件 2 吸收电能。

元件 3 电压与电流为非关联参考方向，得

$$P_3 = -U_3 I = -6 \times 2 = -12 (\text{W})$$

$P_3 < 0$，故元件 3 放出电能。

整个电路功率为

$$P = P_1 + P_2 + P_3 = 8 + 16 - 12 = 12 (\text{W})$$

2.5　电能

电路在一段时间内消耗或提供的能量称为电能。电路元件在 $t_0 \sim t$ 时间内消耗或提供的能量为

$$W = \int_{t_0}^{t} p \, \mathrm{d}t \qquad\qquad (1-10)$$

直流时为

$$W = P(t - t_0) \qquad\qquad (1-11)$$

电能的单位是焦耳（J）。通常电力部门用"度"作为单位测量用户消耗的电能，"度"是千瓦时（kW·h）的简称。1 度电等于功率为 1 kW 的元件正常工作 1 h 消耗的电能，即

$$1 \text{ 度} = 1 \text{ kW·h} = 10^3 \times 3\ 600 \text{ J} = 3.6 \times 10^6 \text{ J}$$

如果通过实际元件的电流过大，可能由于温度过高使元件的绝缘材料损坏，甚至使导线熔化；如果电压过大，会击穿元件的绝缘材料，所以必须加以限制。

边学边练

例： 一台彩色电视机，额定功率为 120 W，平均一天电视机开 3 h，每月按平均 30 天计算，如果每度电的电费为 0.6 元，问一个月的电费为多少？

解： 每月电费 = 功率（kW）× 每月使用时间（h）× 每度电电费 = 0.12 × 3 × 30 × 0.6 = 6.48（元）

任务 3　认识电路基本元件

电阻元件、电感元件和电容元件都是理想的电路元件，它们均不发出电能，称为无源元件。它们有线性和非线性之分，线性元件的参数为常数，与所施加的电压和电流无关。本任务主要分析讨论线性电阻、电感和电容元件的特性。

3.1 电阻元件

3.1.1 电阻定义

电路中自由电子的移动不是畅通无阻的，电源、负载和导线都具有不同程度上阻碍电流流动的性质，这种固有性质称为电阻，即物体阻止电流通过的本领称为电阻。在电路图中，常用理想电阻元件来表示电阻对电流的这种阻碍作用，用字母 R 表示，如图 1-18 所示。

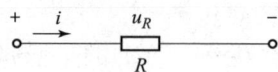

图 1-18 电阻元件

电阻的单位是欧姆（Ω），常用单位还有千欧（kΩ）、兆欧（MΩ）等，它们之间的换算关系为

$$1 \text{ M}\Omega = 10^3 \text{ k}\Omega = 10^6 \text{ }\Omega$$

任何导体都有电阻，电阻的大小与它本身的物理条件有关。实验证明：导体的温度变化时，它的电阻值也随之变化。一般的金属材料导体在温度升高后，电阻值会增大。导体的电阻值与温度成正比。

在温度不变时导体的电阻跟它的长度 L 和导体的电阻率 ρ 成正比，跟它的横截面积 S 成反比，这就是电阻定律，即

$$R = \rho \frac{L}{S} \tag{1-12}$$

电阻率的大小是由导体的材料决定的，表 1-1 所示为一些材料在 20 ℃时的电阻率。

表 1-1 电阻率 　　　　　　　　　　　　　　　　20 ℃

材料	电阻率/(Ω·m)	材料	电阻率/(Ω·m)	材料	电阻率/(Ω·m)
银	1.64×10^{-8}	铁	9.71×10^{-8}	纸	1×10^{10}
软铜	1.72×10^{-8}	康铜	49×10^{-8}	云母	5×10^{11}
铝	2.83×10^{-8}	硅	2.14×10^{3}	石英	1×10^{17}

导体电阻率越接近 10^{-8} Ω·m，导电性越好，常用的导体材料是铜和铝；绝缘体电阻率大于 10^{-8} Ω·m，用它隔离电流不会有显著的漏电，如塑料、橡胶等；半导体电阻率在 10^{-5} ~ 10^7 Ω·m，用它可以制造晶体管，如硅、锗材料。

3.1.2 欧姆定律

1826 年德国科学家欧姆通过实验证实："流过导体中的电流与导体两端的电压成正比，与导体的电阻成反比。"这就是欧姆定律。欧姆定律是反映电路中电压、电流、电阻等内在关系的一个极为重要的定律，也是电工技术中一个最基本的定律，用公式表示为

$$I = \frac{U}{R} \tag{1-13}$$

3.1.3 常用电阻（器）

在欧姆定律中，若 $R = \dfrac{U}{I}$ 是常数，即电阻值不随电压、电流的变化而变化，则称为"线性电阻"。线性电阻的电压电流关系曲线（即伏安特性曲线）为一条通过坐标原点的直线，如图 1-19（a）所示。如果电阻值随电压、电流的变化而改变，则称为"非线性电阻"，如半导体二极管，其伏安特性曲线为一条曲线，如图 1-19（b）所示。

1.5 电阻

1.6 欧姆定律

线性电阻在电路中的应用非常广泛，在实际电路中，像白炽灯、电阻炉和电烙铁等，均可看成是线性电阻元件。本书讨论的电阻是线性电阻，在不加特殊说明时，所说的电阻均指线性电阻。

线性电阻又分为固定电阻和可变电阻。固定电阻的电阻值是定值，阻值不能变化。可变电阻是电阻值可以变化的，常称为电位器。

常用电阻器如图 1-20 所示。

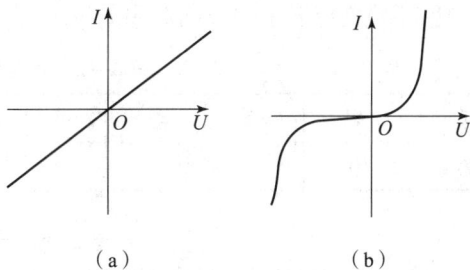

图 1-19　电阻的伏安特性曲线
(a) 线性电阻；(b) 非线性电阻

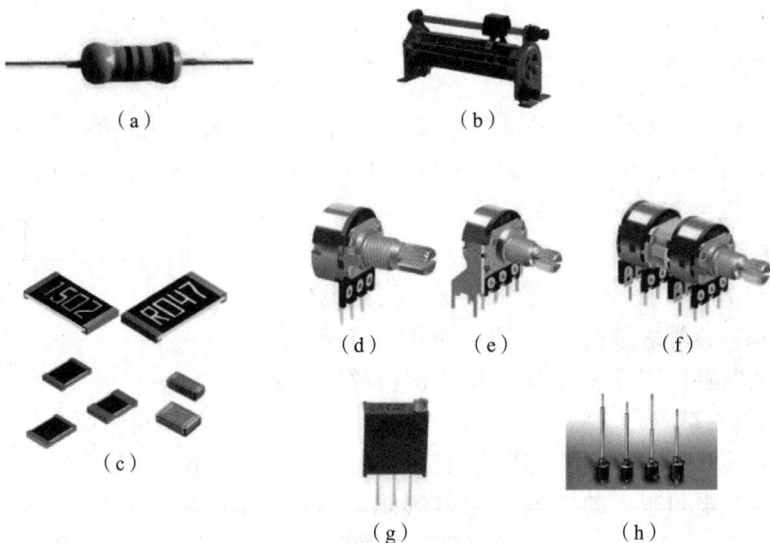

图 1-20　常用电阻器

(a) 色环电阻；(b) 滑线变阻器；(c) 表面贴装电阻；(d) 单联电位器；(e) 双联电位器；
(f) 四联电位器；(g) 可调电阻；(h) 推杆电位器

当电阻元件上的电压与电流方向一致时，元件吸收的功率为 $P = UI$，由欧姆定律可推导出 $P = UI = I^2R = \dfrac{U^2}{R}$，$P > 0$，说明电阻元件是耗能元件。电路中大多数电气设备都具有消耗电能的电磁性能，它们吸收功率，引起电气设备发热。

电阻器的主要性能参数包括标称电阻值、允许偏差、额定功率等。电阻器的标称电阻值和偏差一般都直接标注在电阻上，常用的标注方法主要有直标法和色标法。直标法是将电阻的主要参数直接标注在电阻表面上，色标法是将电阻的主要参数用颜色（色环）标注在电阻表面上。

图 1-21 所示为电阻的色标法。电阻的色环通常为 4 道，其中 3 道距离较近，作为阻值标注，另一道距离较远，作为误差标注。第一道、第二道各表示一位有效数字，第三道表示零的个数，第四道表示允许误差。

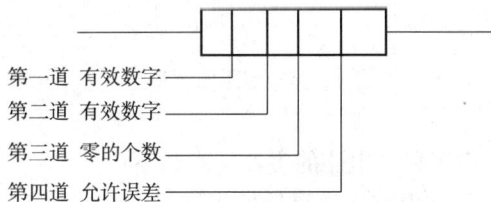

第一道　有效数字
第二道　有效数字
第三道　零的个数
第四道　允许误差

1.7 色环
电阻读取

图 1-21　电阻的色标法

色环颜色与表示的数码对照如表 1-2 所示，色环颜色与误差对照如表 1-3 所示。

表 1-2　色环颜色与表示的数码对照

颜色	黑	棕	红	橙	黄	绿	蓝	紫	灰	白
数码	0	1	2	3	4	5	6	7	8	9

表 1-3　色环颜色与误差对照

颜色	金	银	无色
数码	±5%	±10%	±20%

🔄 边学边练

例：已知一色环电阻颜色标注如图 1-22 所示，请读出该电阻阻值和误差。

解：色环 A—红色；B—黄色；C—棕色；D—金色。

该电阻的阻值为 $24 \times 10^1 \pm 5\%$，即 $240 \pm 5\%\ \Omega$。

3.1.4　电阻的测量

电阻的静态值常常使用万用表来测量。测量电阻时，红表笔插入"VΩ"，黑表笔插入"COM 插孔"，转动功能量程选择开关至电阻挡"Ω"，数字万用表即构成欧姆表。

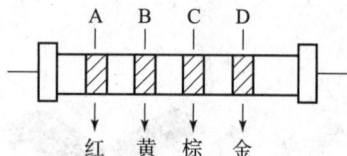

图 1-22　色环电阻颜色标注

电阻的测量如图 1-23 所示，将两表笔（不分正、负）分别接被测电阻两端金属部位，测量中可以用手接触电阻，但不要把手同时接触电阻两端，这样会影响测量精确度（人体是电阻很大的导体），LCD 显示屏即显示出被测电阻 R 的阻值。测量大阻值电阻时，LCD 显示屏的读数需要几秒钟后才能稳定，这是正常现象。

1.8 万用表测电阻

3.1.5　电阻的连接

1. 电阻的串联

把电阻一个一个地按首尾顺序连接起来的连接方式称为电阻的串联，如图 1-24 所示。

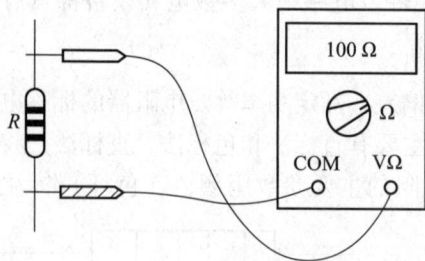

图 1-23　电阻的测量

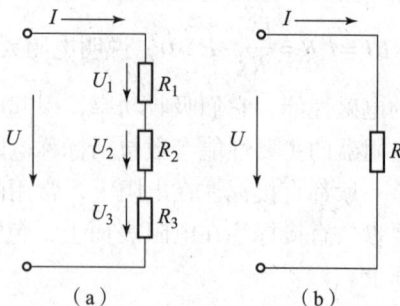

图 1-24　电阻的串联
（a）电路图；（b）等效图

电阻串联电路的主要特点如下：

（1）电路中电流处处相等，即

$$I_1 = I_2 = I_3 = \cdots = I_n = I \qquad (1-14)$$

（2）串联电路两端的总电压等于各个电阻两端的电压之和，即

$$U = U_1 + U_2 + U_3 + \cdots + U_n \qquad (1-15)$$

（3）串联电路的等效电阻（即总电阻）等于各串联电阻之和，由

$$
\begin{aligned}
U &= U_1 + U_2 + U_3 + \cdots + U_n \\
&= IR_1 + IR_2 + IR_3 + \cdots + IR_n \\
&= I(R_1 + R_2 + R_3 + \cdots + R_n)
\end{aligned}
$$

得

$$R = \frac{U}{I} = R_1 + R_2 + R_3 + \cdots + R_n \qquad (1-16)$$

（4）串联电路具有分压作用，电压分配与电阻成正比，由

$$I = \frac{U_1}{R_1} = \frac{U_2}{R_2} = \frac{U_3}{R_3} = \cdots = \frac{U_n}{R_n}$$

得

$$U_1 : U_2 : U_3 : \cdots : U_n = R_1 : R_2 : R_3 : \cdots : R_n \qquad (1-17)$$

各电阻的分电压与总电压的关系为

$$U_1 = \frac{R_1}{R}U; \quad U_2 = \frac{R_2}{R}U; \quad \cdots; \quad U_n = \frac{R_n}{R}U \qquad (1-18)$$

◆ 边学边练

例：有一盏额定电压为 40 V、额定电流为 5 A 的弧光灯要接入 220 V 电路中，问应串联一只阻值和功率为多大的电阻分压？

解：弧光灯的额定电压为 40 V，要接入 220 V 电路中，所串联的分压电阻两端的电压为

$$U_R = U - U_1 = 220 - 40 = 180 (\text{V})$$

串联电路电流处处相等，故电阻通过的电流也是 5 A，由

$$R = \frac{U_R}{I} = \frac{180}{5} = 36 (\Omega)$$

电阻的功率为

$$P = U_R I = 180 \times 5 = 900 (\text{W})$$

2. 电阻的并联

把电阻并列地接在电路中两个共同端点之间的连接方式称为电阻的并联，如图 1-25 所示。

电阻并联电路的主要特点如下：

（1）并联电阻两端电压相等，即

$$U = U_1 = U_2 = U_3 = \cdots = U_n \qquad (1-19)$$

（2）并联电路总电流等于各个电阻上的电流之和，即

$$I = I_1 + I_2 + I_3 + \cdots + I_n \qquad (1-20)$$

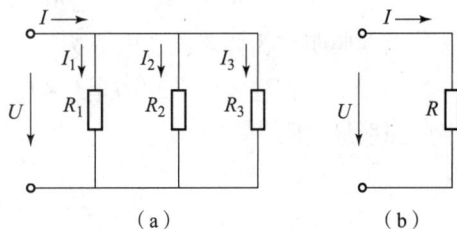

图 1-25　电阻的并联
（a）电路图；（b）等效图

（3）并联电路等效电阻（即总电阻）的倒数等于各个电阻倒数之和，由

$$I = I_1 + I_2 + I_3 + \cdots + I_n$$

得

$$\frac{U}{R} = \frac{U}{R_1} + \frac{U}{R_2} + \frac{U}{R_3} + \cdots + \frac{U}{R_n}$$

故

$$\frac{1}{R} = \frac{1}{R_1} + \frac{1}{R_2} + \frac{1}{R_3} + \cdots + \frac{1}{R_n} \qquad (1-21)$$

如果两个电阻并联，则它们的总电阻为

$$R = \frac{R_1 R_2}{R_1 + R_2} \qquad (1-22)$$

如果有 n 个相同的电阻 R_n 并联，则总电阻为

$$R = \frac{R_n}{n}$$

即并联电路中，总电阻总是小于每个分电阻。

（4）并联电路具有分流作用，电流分配与电阻成反比，由

$$I_1 R_1 = I_2 R_2 = I_3 R_3 = \cdots = I_n R_n = IR$$

得

$$I_1 = \frac{R}{R_1} I; \quad I_2 = \frac{R}{R_2} I; \quad \cdots; \quad I_n = \frac{R}{R_n} I$$

可见电阻越大，其分得的电流越小；电阻越小，其分得的电流越大。

利用这一关系，可求出各分支电流。常用的是两个支路的电流分配公式，由两个电阻并联的特点，可得

$$I_1 = \frac{R_2}{R_1 + R_2} I; \quad I_2 = \frac{R_1}{R_1 + R_2} I \qquad (1-23)$$

边学边练

例： 如图 1-26 所示，有两盏 220 V/40 W 的照明灯并联接在电源上，求流过灯泡的电流、总电流和总电阻。

解： 流过照明灯的电流

$$I_1 = I_2 = \frac{P}{U} = \frac{40}{220} \approx 0.18(\text{A})$$

两盏照明灯为并联，总电流为

$$I = I_1 + I_2 \approx 0.18 + 0.18 = 0.36(\text{A})$$

照明灯电阻为

$$R_1 = \frac{U^2}{P} = \frac{220^2}{40} = 1\ 210(\Omega)$$

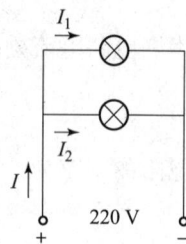

图 1-26　照明灯电路

两盏照明灯并联总电阻为

$$\frac{1}{R} = \frac{1}{R_1} + \frac{1}{R_2} = \frac{1}{1\ 210} + \frac{1}{1\ 210} = \frac{1}{605}$$

即

$$R = 605\ \Omega$$

3. 电阻的混联

在实际应用中，使用更多的是电阻的混联电路，即在同一个电路中，既有电阻的串联，

又有电阻的并联，如图 1 - 27 所示。

对于电阻混联电路的计算，只要按电阻的串联和并联的计算方法，一步一步地把电路化简，最后就可以求出总的等效电阻了。判别混联电路的串、并联关系应掌握以下三种方法。

（1）看电路的结构特点。

若两电阻首尾相接就是串联，若首首、尾尾相接就是并联，图 1 - 27 中 R_2 与 R_3 首首、尾尾相接，是并联；而 R_4 与 R_5 是首尾相接，是串联。

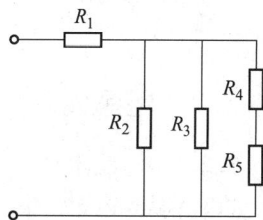

图 1 - 27　电阻混联电路

（2）看电流、电压关系。

若流经两个电阻的电流相同，就是串联；若两个电阻承受同一个电压，就是并联。图 1 - 27 中 R_2 与 R_3 承受相同的电压，是并联；而 R_4 与 R_5 流过相同的电流，是串联。

（3）对电路做变形等效。

对电路结构进行分析，选出电路的节点，以节点为基准将电路结构变形，然后进行判别。电路等效变换示意图如图 1 - 28 所示。

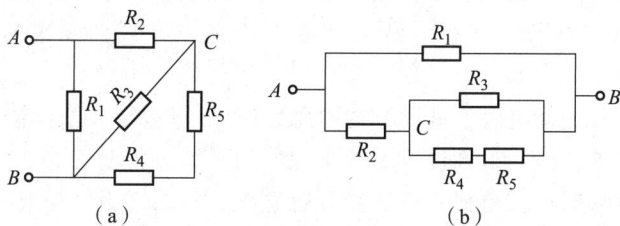

（a）　　　　　　　　　　（b）

图 1 - 28　电路等效变换示意图
（a）混联电路；（b）等效电路

边学边练

例：如图 1 - 29 所示电路，求 R_{ab}。

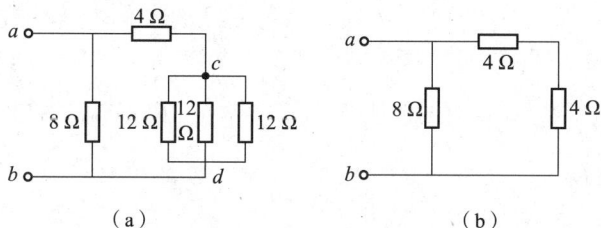

（a）　　　　　　　　　　（b）

图 1 - 29　电路
（a）电路图；（b）等效电路

解： 由图 1 - 29 可知，8 Ω 电阻直接连接到 a 和 b 两点，而 4 Ω 和 3 个 12 Ω 的电阻，要经过 3 个 12 Ω 的电阻并联，然后再与 4 Ω 相串。将图 1 - 29（a）所示电路等效成图 1 - 29（b）所示电路，其等效电阻为

$$R_{cd} = \frac{R_n}{3} = \frac{12}{3} = 4(\Omega)$$

$$R_{ab} = \frac{(4+4) \times 8}{4+4+8} = \frac{8 \times 8}{8+8} = 4(\Omega)$$

3.2　电感元件

3.2.1　电感定义

在任何导线或线圈中流过电流时，其周围都会产生磁场，线圈中的电流发生变化时，线圈周围的磁场也做相应的变化，变动的磁场可使线圈自身产生电动势，这就是自感作用。能够产生自感作用的元件称为电感元件。

1.9 电感及容量

由电磁感应定律和楞次定律可知电感元件两端的电压与电流关系为

$$u = L \frac{\mathrm{d}i}{\mathrm{d}t} \qquad\qquad (1-24)$$

式中，L 为电感，是表示自感应特性的一个物理量。电感的单位为亨利（H），常用单位还有毫亨（mH）和微亨（μH），其换算关系为

$$1\ \mathrm{H} = 10^3\ \mathrm{mH} = 10^6\ \mathrm{μH}$$

通常电感元件由线圈组成，能够存储和释放磁场能量，又称为电感线圈，简称线圈。电感线圈一般用漆包线、纱包线或裸导线一圈圈地绕在绝缘管上或铁芯上，其图形符号如图 1-30 所示。

为了叙述方便，我们把电感元件简称为电感，所以"电感"这个术语及它的符号 L，一方面表示一个电感元件，另一方面也表示这个元件的参数。

生活中常见的电动机、发电机、变压器等电气设备中的绕组就是电感元件；另外，收音机、电视机等电子产品中也都有电感线圈。常用的电感元件如图 1-31 所示。

图 1-31　常用的电感元件

1.10 电感的种类

图 1-30　电感元件

3.2.2　电感的连接

1. 电感的串联

图 1-32 所示为两个电感串联电路。

电压 u 加在串联的两个电感上，整个电路的电流均为 i，每个电感上的电压分别为 u_1 和 u_2，如图 1-32（a）所示，则

$$u_1 = L_1 \frac{\mathrm{d}i}{\mathrm{d}t}$$

$$u_2 = L_2 \frac{\mathrm{d}i}{\mathrm{d}t}$$

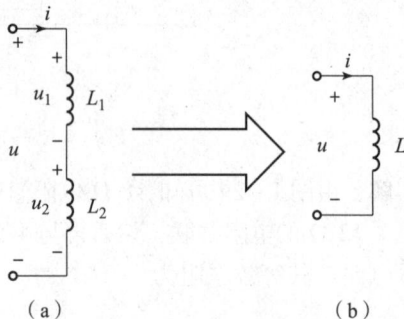

（a）　　　　　　（b）

图 1-32　两个电感串联电路

（a）串联电路；（b）等效电路

串联电路的总电压为

$$u = u_1 + u_2 = L_1 \frac{\mathrm{d}i}{\mathrm{d}t} + L_2 \frac{\mathrm{d}i}{\mathrm{d}t} = (L_1 + L_2) \frac{\mathrm{d}i}{\mathrm{d}t}$$

由图 1 - 32（b）可知等效电感的电压与电流的关系为

$$u = L \frac{\mathrm{d}i}{\mathrm{d}t}$$

综上所述，等效条件为

$$L = L_1 + L_2 \qquad\qquad (1-25)$$

即，电感串联与电阻串联类似，其等效电感等于各串联电感之和。

各电感的电压之比为

$$u_1 : u_2 = L_1 \frac{\mathrm{d}i}{\mathrm{d}t} : L_2 \frac{\mathrm{d}i}{\mathrm{d}t} = L_1 : L_2$$

即，电感串联时，各电感两端的电压与其电感成正比。

各电感的分电压与总电压的关系为

$$u_1 = \frac{L_1}{L} u; \quad u_2 = \frac{L_2}{L} u \qquad\qquad (1-26)$$

2. 电感的并联

图 1 - 33 所示为两个电感并联电路。

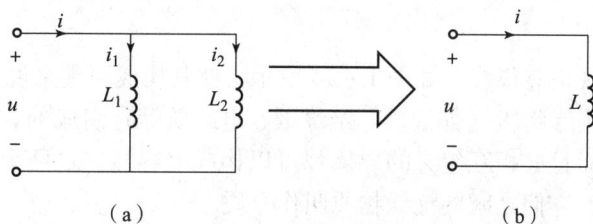

图 1 - 33　两个电感并联电路

(a) 并联电路；(b) 等效电路

由 $u = L \dfrac{\mathrm{d}i}{\mathrm{d}t}$，可知

$$i = \frac{1}{L} \int_{-\infty}^{t} u(\xi)\,\mathrm{d}\xi$$

并联的电感两端电压相等，每个电感的电流分别为 i_1 和 i_2，即

$$i_1 = \frac{1}{L_1} \int_{-\infty}^{t} u(\xi)\,\mathrm{d}\xi$$

$$i_2 = \frac{1}{L_2} \int_{-\infty}^{t} u(\xi)\,\mathrm{d}\xi$$

并联电路的总电流为

$$i = i_1 + i_2 = \frac{1}{L_1} \int_{-\infty}^{t} u(\xi)\,\mathrm{d}\xi + \frac{1}{L_2} \int_{-\infty}^{t} u(\xi)\,\mathrm{d}\xi = \left(\frac{1}{L_1} + \frac{1}{L_2} \right) \int_{-\infty}^{t} u(\xi)\,\mathrm{d}\xi$$

由图 1 - 33（b）可知等效电感的电压与电流的关系为

$$i = \frac{1}{L} \int_{-\infty}^{t} u(\xi)\,\mathrm{d}\xi$$

综上所述，等效条件为

$$\frac{1}{L} = \frac{1}{L_1} + \frac{1}{L_2}$$ (1-27)

即，电感并联与电阻并联类似，其等效电感的倒数等于各个电感倒数之和。

各电感的电流之比为

$$i_1 : i_2 = \frac{1}{L_1}\int_{-\infty}^{t} u(\xi)\mathrm{d}\xi : \frac{1}{L_2}\int_{-\infty}^{t} u(\xi)\mathrm{d}\xi = L_2 : L_1$$

即，电感并联时，各电感电流分配与电感成反比。

并联电路具有分流作用，各电感的分电流与总电流的关系为

$$i_1 = \frac{L}{L_1}i = \frac{L_2 i}{L_1 + L_2}; \quad i_2 = \frac{L}{L_2}i = \frac{L_1 i}{L_1 + L_2}$$ (1-28)

小提示

本书中讨论的是电感之间的磁场无相互作用时串联和并联的等效公式，如果电感的磁场之间存在耦合，那么总电感的表达式会稍微复杂一些。

3.3 电容元件

3.3.1 电容定义

电容器的品种和规格有很多，如图1-34所示。就其构成原理来说，电容器都是由两块金属极板隔以不同的绝缘物质（如云母、绝缘纸、电解质等）组成的。所以任何两个彼此靠近而且又相互绝缘的导体都可以构成电容器。这两个导体叫作电容器的极板，它们之间的绝缘物质叫作介质。

1.11 电容的种类

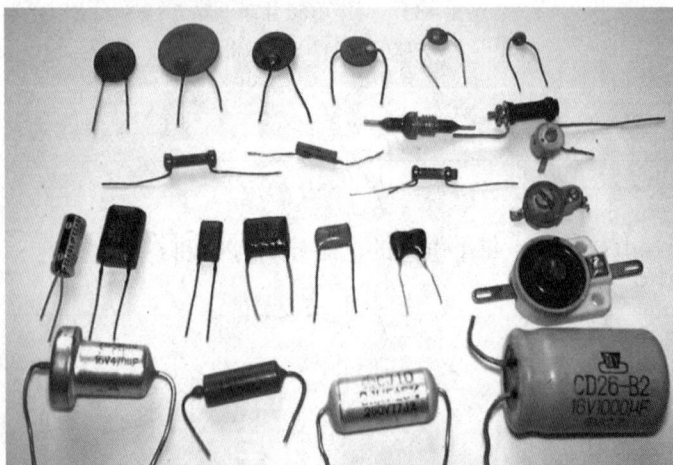

1.12 电容充电放电

图1-34　常用的电容器

在电容器的两个极板间加上电源后，极板上分别积聚起等量的异性电荷，在介质中建立起电场，同时储存电场能量。电源移去后，电荷仍然聚集在极板上，电场继续存在。所以，电容器是一种能够储存电场能量的实际器件。电容元件就是实际电容器的理想化模型，其图

形符号如图 1-35 所示。

图 1-35 中 $+q$ 和 $-q$ 为该元件正、负极板上的电荷量。若规定其电压的参考方向由正极板指向负极板，则任何时刻正极板上的电荷量 q 与其两端的电压 U 有以下关系：

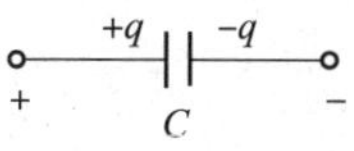

图 1-35　电容元件的
图形符号

1.13 电容容量标识方法

$$C = \frac{q}{U} \qquad (1-29)$$

式中，C 称为电容元件的电容，它是用来衡量电容元件容纳电荷本领的一个物理量，是一个与电荷 q、电压 U 无关的正实数。

电容的单位为法拉（F），常用单位还有微法（μF）和皮法（pF），其换算关系为

$$1\ \mathrm{F} = 10^6\ \mathrm{\mu F} = 10^{12}\ \mathrm{pF}$$

为了叙述方便，我们把电容元件简称为电容，所以"电容"这个术语及它的符号 C，一方面表示一个电容元件，另一方面也表示这个元件的参数。

3.3.2　电容的连接

1. 电容的串联

图 1-36 所示为三个电容的串联电路。

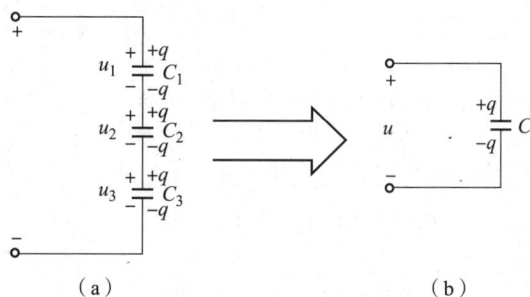

图 1-36　电容的串联电路
(a) 串联电路；(b) 等效电路

电压 u 加在电容组合体两端的两块极板上，使这两块与外电路相连的极板分别充有等量的异性电荷 q，中间的各个极板由于静电感应而产生感应电荷，感应电荷量与两端极板上的电荷量相等，均为 q，如图 1-36（a）所示。因此电容串联时，各电容所带的电量相等，即

$$q = C_1 u_1 = C_2 u_2 = C_3 u_3$$

串联电路的总电压为

$$u = u_1 + u_2 + u_3 = \frac{q}{C_1} + \frac{q}{C_2} + \frac{q}{C_3} = q\left(\frac{1}{C_1} + \frac{1}{C_2} + \frac{1}{C_3}\right)$$

由图 1-36（b）可知等效电容所带的总电量也为 q，其电压与电量的关系为

$$u = \frac{q}{C}$$

综上所述，等效条件为

$$\frac{1}{C} = \frac{1}{C_1} + \frac{1}{C_2} + \frac{1}{C_3} \qquad (1-30)$$

即电容串联时，其等效电容的倒数等于各串联电容的倒数之和。

各电容的电压之比为

$$u_1 : u_2 : u_3 = \frac{q}{C_1} : \frac{q}{C_2} : \frac{q}{C_3} = \frac{1}{C_1} : \frac{1}{C_2} : \frac{1}{C_3}$$

即电容串联时，各电容两端的电压与其电容量成反比。

小提示

从电容串联的性质可以看出，电容器串联后总的电容量减小，整体的耐压值升高。如果标称电压低于外加电压，可以采用电容串联的方法，但要注意，电容器串联后一方面电容变小；另一方面，电容器的电压与电容量成反比，电容量小的承受的电压高，要考虑标称电压是否大于电容器的耐压值。

2. 电容的并联

图 1-37 所示为三个电容的并联电路。

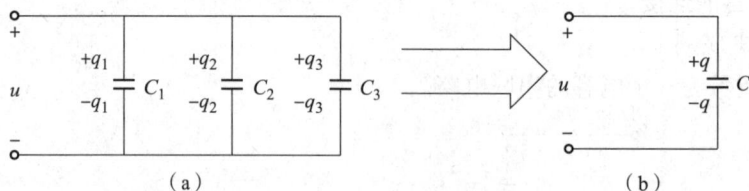

图 1-37　电容的并联电路

（a）并联电路；（b）等效电路

C_1、C_2、C_3 上加的是相同的电压 u，它们各自的电量为

$$q_1 = C_1 u; \quad q_2 = C_2 u; \quad q_3 = C_3 u$$

所以

$$q_1 : q_2 : q_3 = C_1 : C_2 : C_3$$

即电容并联时，各电容所带的电量与各电容器的电容量成正比。

电容并联后所带的总电量为

$$q = q_1 + q_2 + q_3 = C_1 u + C_2 u + C_3 u = u(C_1 + C_2 + C_3)$$

由图 1-37（b）可知等效电容为

$$C = C_1 + C_2 + C_3 \tag{1-31}$$

即电容并联时，其等效电容等于并联的各电容器的电容量之和。

小提示

从电容并联的性质可以看出，当电路所需电容较大时，可以选用电容量适合的几个电容器并联。电容器并联时加在各电容器上的电压相同，所以电容器并联使用时，为了使各个电容器都能安全工作，所选择的电容器的最低耐压值不得低于电路的最高工作电压。

边学边练

例： 如图 1-38 所示，已知 $C_1 = C_4 = 10~\mu F$，$C_2 = C_3 = 20~\mu F$，求

（1）当开关 S 打开时，ab 间的等效电容 C_{ab}；

(2) 当开关 S 闭合时，ab 间的等效电容 C_{ab}。

解：（1）当 S 打开时，C_1 与 C_2 串联，C_3 与 C_4 串联，两串联电路再并联，所以

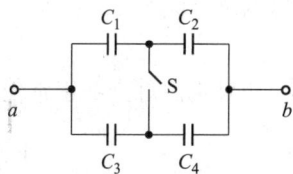

图 1-38 电路

$$\frac{1}{C_{12}} = \frac{1}{C_1} + \frac{1}{C_2} = \frac{1}{10} + \frac{1}{20} = \frac{3}{20}$$

得

$$C_{12} = \frac{20}{3}\ \mu F$$

$$\frac{1}{C_{34}} = \frac{1}{C_3} + \frac{1}{C_4} = \frac{1}{10} + \frac{1}{20} = \frac{3}{20}$$

得

$$C_{34} = \frac{20}{3}\ \mu F$$

因此

$$C_{ab} = C_{12} + C_{34} = \frac{20}{3} + \frac{20}{3} \approx 13.34\,(\mu F)$$

（2）当 S 闭合时，C_1 与 C_3 并联，C_2 与 C_4 并联，两并联电路再串联，所以

$$C_{13} = C_1 + C_3 = 10 + 20 = 30\,(\mu F)$$
$$C_{24} = C_2 + C_4 = 10 + 20 = 30\,(\mu F)$$

因此

$$\frac{1}{C_{ab}} = \frac{1}{C_{13}} + \frac{1}{C_{24}} = \frac{1}{30} + \frac{1}{30} = \frac{2}{30}$$

得

$$C_{ab} = \frac{30}{2}\ \mu F = 15\ \mu F$$

3.4 电路分析

图 1-1 的电路中，L_1 和 L_2 串联，L_3 和 L_4 串联，然后并联。除 2 号灯不亮外其他 3 个灯都亮，2 号灯从灯座上取下后，剩下 3 个灯仍亮，说明 L_1、L_3、L_4 的电路没有问题，且不受 2 号灯影响。2 号灯接入其他电路时正常发光，说明 2 号灯本身没有问题，可判断在电路中 2 号灯被短路。

由 $P = \dfrac{U_{额}^2}{R}$ 得每盏灯的电阻

$$R = \frac{U_{额}^2}{P} = \frac{10^2}{10} = 10\ (\Omega)$$

L_1 和 L_2 串联电路中，L_2 不亮，只有 L_1 亮，可得

$$I_1 = \frac{U}{R} = \frac{10}{10} = 1\ (A)$$

L_3 和 L_4 串联电路中，两盏相同的灯平分电压 U，可得 $U' = 5\ V$

$$I_3 = I_4 = \frac{U'}{R} = \frac{5}{10} = 0.5\ (A)$$

则总电路电流为

$$I = I_1 + I_3 = 1 + 0.5 = 1.5 \ (\text{A})$$

如果 4 盏灯全部正常使用，则每盏灯的电能为

$$W_1 = P_1 t = \frac{U_1^2}{R} t = \frac{5^2}{10} \times 10^{-3} \times 2 = 0.005 \ (\text{度})$$

4 盏灯全部使用，则消耗的电能为

$$W = 4W_1 = 4 \times 0.005 = 0.02 \ (\text{度})$$

任务 4 安全用电

随着电能应用的不断拓展，以电能为工作能源的各种电气设备广泛进入企业生产和家庭生活中，与此同时，电气设备所带来的安全事故也不断发生。为了实现电气安全，我们在对电网本身的安全进行保护的同时，更要重视用电的安全问题。学习安全用电的基本知识，掌握常规触电防护技术，是保证用电安全的有效途径。

电气危害主要有两个方面：一方面是对系统自身的危害，如短路、过电压等；另一方面是对用电设备、环境和人员的危害，如触电、电气火灾、电压异常升高造成用电设备损坏等，其中尤以触电和电气火灾危害最为严重，触电可直接导致人员伤残、死亡。另外，静电产生的危害也不能忽视，它是电气火灾的原因之一，对电子设备的危害也很大。

4.1 触电的种类和形式

4.1.1 触电的种类

触电是指人体触及带电体后，电流对人体造成的伤害。它有两种类型，即电伤和电击。

电伤是指电流的热效应、化学效应、机械效应及电流本身作用造成的人体伤害。电伤会在人体皮肤表面留下明显的伤痕，常见的有灼伤、电烙伤和皮肤金属化等现象。

电击是指电流通过人体内部，破坏人体内部组织，影响呼吸系统、心脏及神经系统的正常功能，甚至危及生命。在触电事故中，电击和电伤常会同时发生。

4.1.2 影响触电程度的因素

1. 电流的大小

通过人体的电流越大，人体的生理反应就越明显，引起心室颤动所需的时间就越短，致人死亡的可能性就越大。按照通过人体电流的大小和人体所呈现的不同状态，工频交流电大致分为下列 3 种：

（1）感觉电流，指引起人的感觉的最小电流（1～3 mA）。

（2）摆脱电流，指人体触电后能自主摆脱的最大电流（10 mA）。

（3）致命电流，指在较短的时间内就可危及生命的最小电流（30 mA）。

2. 电流的类型

工频交流电的危害性大于直流电，因为交流电会麻痹、破坏神经系统，触电者往往难以自主摆脱。一般认为 40～60 Hz 的交流电对人最危险。随着频率的增加，危险性将降低。当电流频率大于 2 000 Hz 时，所产生的损害明显减小，但高压高频电流对人体而言仍然是十

分危险的。

3. 电流的作用时间

人体触电，通过电流的时间越长，越易造成心室颤动，生命危险就越大。据统计，触电 1～5 min 内急救，90% 的人有良好的效果，触电 10 min 内急救有 60% 的救活概率，触电超过 15 min 则被救活的希望甚微。

4. 电流路径

电流通过头部可使人昏迷；通过脊髓可能导致瘫痪；通过心脏会造成心跳停止，血液循环中断；通过呼吸系统会造成窒息。因此，从左手到胸部是最危险的电流路径；从手到手、从手到脚也是很危险的电流路径；从脚到脚是危险性较小的电流路径。

5. 人体电阻

人体电阻值变化范围很大，皮肤干燥时人体电阻一般为 100 kΩ 左右，而一旦潮湿电阻可降到 1 kΩ。

不同人体，对电流的敏感程度也不一样，一般来说，儿童比成年人敏感，女性比男性敏感。患有心脏病者，触电后死亡的可能性更大。

6. 安全电压

安全电压是指人体不戴任何防护设备时，触及带电体不受电击或电伤的电压。人体触电的本质是电流通过人体产生了有害效应，触电的形式通常都是人体的两部分同时触及了带电体，而且这两个带电体之间存在着电位差。因此在电击防护措施中，要将流过人体的电流限制在无危险范围内，即将人体能触及的电压限制在安全的范围内。国家标准制定了安全电压系列，称为安全电压等级或额定值，这些额定值指的是交流有效值，分别为：42 V、36 V、24 V、12 V、6 V 等几种，其中应用最多的安全电压为 36 V。绝对安全电压为 12 V，主要适用于工作环境特别恶劣，例如在周围金属粉尘比较多的区域或密闭容器内作业。

4.1.3　触电的形式

触电的形式有三种：单相触电、两相触电和跨步电压触电。

1. 单相触电

人体触及一根带电导体或接触到漏电的电气设备外壳，而又同时和大地接触，如图 1 - 39（a）所示。

2. 两相触电

人体同时触及两相带电体，如图 1 - 39（b）所示。

3. 跨步电压触电

电流流入电网接地点或防雷接地点时，电流在接地点周围地面中产生电压，当人体走进接地点时，人体在两脚之间的电压称为跨步电压。由跨步电压引起的触电称为跨步电压触电。离接地点越近，步距越大，跨步电压越大。一般 10 m 以外就没有危险，如图 1 - 39（c）所示。

4.2　安全保护措施

（1）在线路上作业或检修设备时，必须在停电后进行。

（2）验电，确定设备已经断电。

（3）悬挂标识牌，装设临时地线，如图 1 - 40 所示。

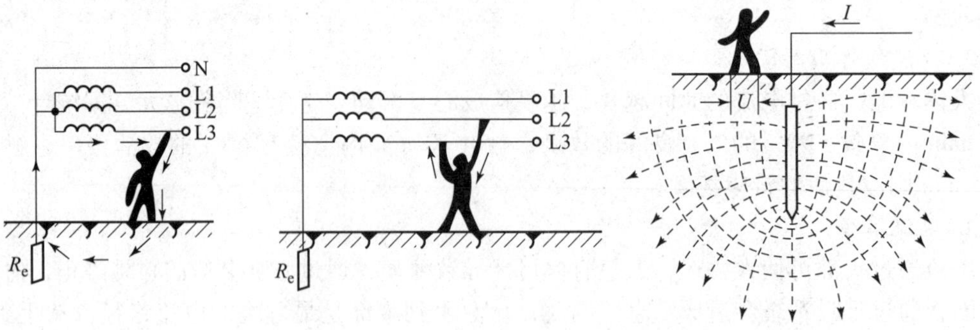

图 1-39 触电形式
(a) 单相触电；(b) 两相触电；(c) 跨步电压触电

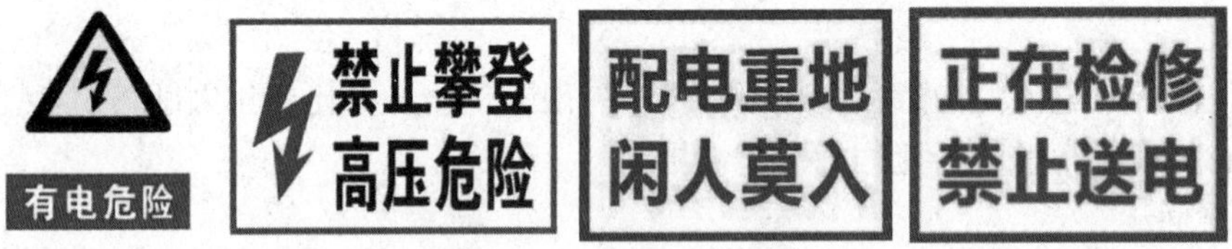

图 1-40 安全用电标识牌

（4）在线路上采用断路器、漏电保护器以及熔断器等自动保护装置。

（5）保护接地和保护接零。

为了人身安全和电力系统的工作需要，要求电气设备采用接地措施。按接地目的的不同，主要分为工作接地、保护接地、保护接零和重复接地等不同的安全措施。各接地方式如图 1-41 所示。

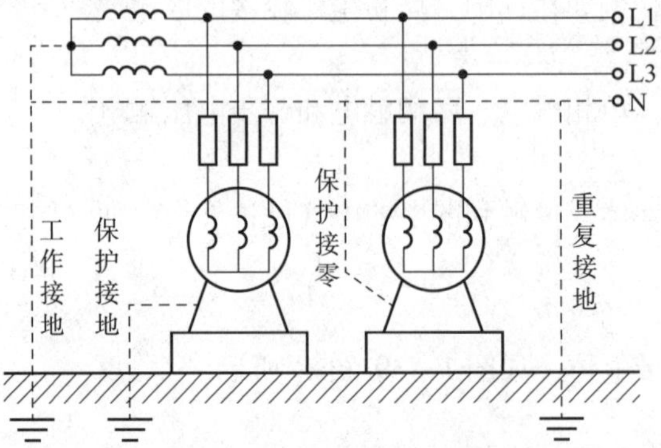

图 1-41 保护接地、工作接地、重复接地及保护接零示意图

1. 接地

按功能分，接地可分为工作接地和保护接地。工作接地是指电气设备（如变压器中性点）为保证其正常工作而进行的接地；保护接地是指为保证人身安全，防止人体接触设备外露部分而触电的一种接地形式。在中性点不接地系统中，设备外露部分（金属外壳或金属构架）必须与大地进行可靠电气连接，即保护接地。

接地装置由接地体和接地线组成，埋入地下直接与大地接触的金属导体，称为接地体；连接接地体和电气设备接地螺栓的金属导体称为接地线。接地体的对地电阻和接地线电阻的总和，称为接地装置的接地电阻 R_b，人体电阻设为 R_r。图 1-42（a）中无接地保护措施，人体一旦接触到漏电负载,将成为电流 I_d 的导体,发生危险。而图 1 - 42 (b) 有接地措施,当人体接触到漏电负载时,人体电阻 R_r 大于接地电阻 R_b 许多,电流 I_d 几乎不经过人体,保证了人身安全。

2. 保护接零

保护接零是指在电源中性点接地的系统中,将设备需要接地的外露部分与电源中性线直接连接,相当于设备外露部分与大地进行了电气连接,使保护设备能迅速动作、断开故障设备,减少了人体触电危险。

保护接零的工作原理:当设备正常工作时,外露部分不带电,人体触及外壳相当于触及零线,无危险,如图 1 - 43 所示。

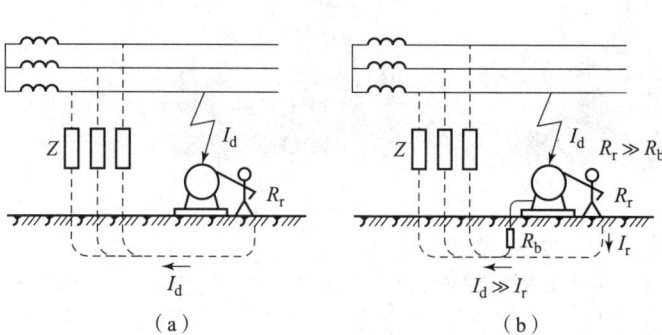

图 1 - 42 保护接地原理图
(a) 电器外壳无接地;(b) 电器外壳有接地

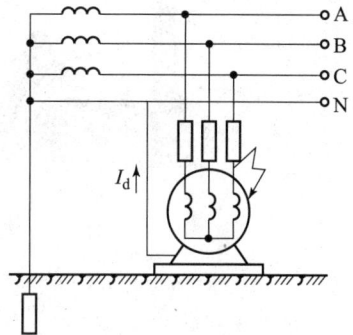

图 1 - 43 保护接零原理图

3. 重复接地

在电源中性线做了工作接地的系统中,为确保保护接零的可靠,还需相隔一定距离将中性线或接地线重新接地,称为重复接地。

从图 1 - 44 (a) 中可以看出,一旦中性线断线,不对称三相电路的零线 N 中往往有电流,则零线对地电压不为零,距离电源越远,电压越高,当设备外露部分带电,人体触及同样会有触电的可能。而在重复接地的系统中,如图 1 - 44 (b) 所示,即使出现中性线断线,但外露部分因重复接地而使其对地电压近似为零,对人体的危害也大大下降。

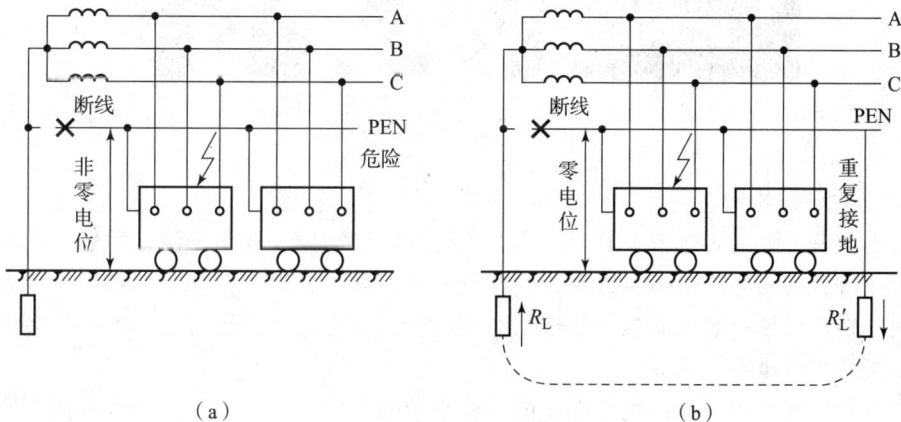

图 1 - 44 有无重复接地系统比较
(a) 无重复接地系统;(b) 有重复接地系统

4.3 触电急救

触电事故具有偶然性、突发性的特点，令人猝不及防。如果延误急救的时机，死亡率会很高。因此当发现身边有人触电时，应立即使触电者脱离电源，然后在现场进行抢救。

4.3.1 脱离电源

脱离低压电源的方法可用"拨""拉""切"三个字来概括。"拨"就是用具有良好绝缘的物品将触电者身上的电线拨开；"拉"就是将触电者拉离电源；"切"就是用带有绝缘柄的利器切断电源线，如图1－45所示。

图1－45　脱离电源的方法

（a）将触电者身上的电线拨开；（b）将触电者拉离电源；（c）用带绝缘柄的工具切断电线

4.3.2 急救措施

触电者脱离电源后需要进行急救，越快越好。现场应用的主要救护方法有口对口人工呼吸法和胸外心脏挤压法。

1. 口对口人工呼吸法

其适用于有心跳无呼吸者，其口诀为：人仰卧，清口腔，鼻孔朝天头后仰。松衣领，解衣扣，预防气流不通畅。紧捏鼻，贴嘴吹，吹二（秒）放三（秒）为适当。依次进行不能停，直至呼吸复正常。口对口人工呼吸法如图1－46所示。

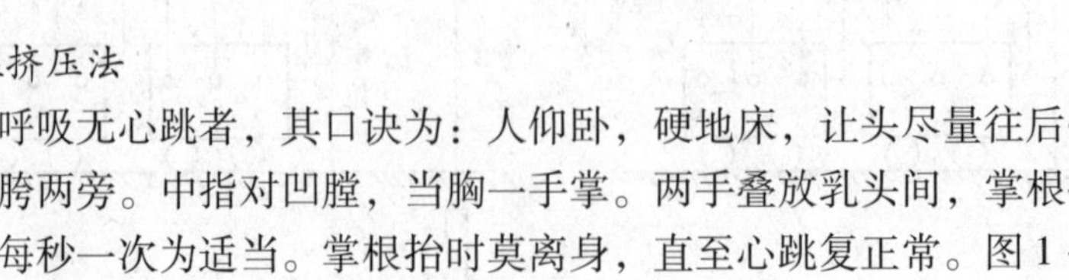

图1－46　口对口人工呼吸法

2. 胸外心脏挤压法

其适用于有呼吸无心跳者，其口诀为：人仰卧，硬地床，让头尽量往后仰。松开衣扣解裤带，跨在伤者胯两旁。中指对凹膛，当胸一手掌。两手叠放乳头间，掌根挤压用力量。胸陷一寸到寸半，每秒一次为适当。掌根抬时莫离身，直至心跳复正常。图1－47所示为胸外心脏挤压法的正确压点（区）。

当触电者出现呼吸与心跳均已停止的假死现象时，应使用口对口人工呼吸法与胸外心脏挤压法交叉进行抢救。

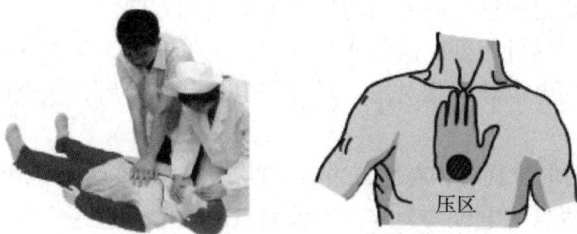

图 1 - 47　胸外心脏挤压法的正确压点（区）

项目自测

一、填空题

1. 电路是由_____、_____、_____和_____四部分组成。

2. 电源的作用是将_____能转换成_____能；负载的作用是将_____能转换成_____能。

3. 电流的形成是_____，公式为_____，国际单位是_____，方向规定为_____。

4. 在温度一定的条件下，电阻两端的电压与通过电阻的电流之间的关系称为_____。

5. 一个色环电阻的四道色环分别为黄色、绿色、红色和金色，则这个电阻的阻值为_____，误差为_____。

6. 有两个阻值各为 10 Ω 的电阻，串联时等效电阻为_____，并联时等效电阻为_____。

7. 两个阻值分别为 5 Ω 和 10 Ω 的电阻，串联时流过的电流比为_____，两端电压比为_____；并联时流过的电流比为_____，两端电压比为_____。

8. 阻值为 10 kΩ、额定功率为 0.25 W 的电阻，所允许的工作电流及额定电压分别是 $I_{额}$ = _____，$U_{额}$ = _____。

9. 三只一样的白炽灯串联接在 12 V 的电源上，每只白炽灯的电压为_____V。

10. 一只 1 kΩ，0.5 W 的电阻，允许通过的最大电流是_____A，允许加在它两端的最高电压是_____V。

11. 两只电阻并联使用，其中 R_1 = 300 Ω，通过电流为 0.2 A，通过整个并联电路的总电流为 0.8 A。则 R_2 的电阻值为_____Ω，通过的电流为_____A。

12. 电路的状态可分为_____、_____和_____。其中_____状态电路中电流为零，但电压_____，而_____状态电压为零，此时电流为_____。

13. 两个分别为 10 μF 的电容，串联时等效值为_____，并联时等效值为_____。

14. 触电的种类有_____和_____。

15. 触电的形式有_____、_____和_____。

二、判断题

1. 负载是电路中的用电设备，它把其他形式的能转换成电能。　　　　　　（　　）

2. 在电路中，电源的作用是将其他形式的能量转换为电能。　　　　　　（　　）

3. 电路的开路状态也属于一种正常的状态形式。　　　　　　　　　　　（　　）

4. 导体中自由电子定向移动的方向为导体中电流的方向。 （   ）

5. 电流的参考方向，可能是电流的实际方向，也可能与实际方向相反。 （   ）

6. 电路中某一点的电位具有相对性，只有零电位点确定后，该点的电位值才能确定。

（   ）

7. 电路中某一点的电位具有相对性，当参考点变化时，该点的电位将随之变化。 （   ）

8. 如果电路中某两点的电位均为零，则该两点间的电流也一定为零。 （   ）

9. 如果电路中某两点间的电压为零，则该两点间的电流也一定为零。 （   ）

10. 在短路状态下，电源内电阻上的电压降为零。 （   ）

11. 在短路状态下，电源电动势等于零。 （   ）

12. 在开路状态下，电源的端电压等于电源电动势。 （   ）

13. 电阻串联时，电阻大的分得的电压大，电阻小的分得的电压小，但通过的电流是一样的。 （   ）

14. 在直流电路中，可以通过电阻的并联达到分流的目的，电阻越大，分到的电流越大。 （   ）

15. 一根粗细均匀的电阻丝，其阻值为 4 Ω，将其等分成两段，再并联使用，其等效电阻为 2 Ω。 （   ）

16. 两只电阻串联，则等效电阻的阻值恒大于任一只电阻；如果两只电阻并联，则等效电阻的阻值恒小于任一只电阻。 （   ）

17. 使用万用表电阻挡测量电阻不必每换次挡都要进行电气调零。 （   ）

18. 电阻在串联时，电阻值越大，所消耗的电功率越大；电阻在并联时，电阻值越大，所消耗的电功率越小。 （   ）

19. 若 R_1 和 R_2 为两个串联电阻，已知 $R_1 = 4R_2$，如果 R_1 上消耗功率为 1 W，则 R_2 上消耗的功率为 4 W。 （   ）

20. 一只 "220 V/40 W" 的白炽灯接在 110 V 电源上，因为电压减半，所以其电功率也减半，为 20 W。 （   ）

三、选择题

1. 下列设备中（   ）必是电源。

A. 发电机　　　　　B. 蓄电池　　　　　C. 电视机　　　　　D. 电炉

2. 下列说法正确的是（   ）。

A. 电位随着参考点（零电位点）的选取不同数值而变化

B. 电位差随着参考点（零电位点）的选取不同数值而变化

C. 电路上两点的电位很高，则其间电压很大

D. 电路上两点的电位很低，则其间电压也很小

3. 直流电源中电动势的方向是（   ）。

A. 从正极指向负极　　　　　　　　　　B. 从负极指向正极

C. 无法确定

4. 在开路状态下电源的端电压等于（   ）。

A. 零　　　　　　　　　　　　　　　　B. 电源电动势

C. 通路状态的电源端电压

5. 一根粗细均匀的电阻丝，阻值为 25 Ω，将其等分成五段，然后并联使用，则其等效电阻是（　　）。

A. 1/25 Ω   B. 1/5 Ω

C. 1 Ω   D. 5 Ω

6. 在电源电压不变的条件下如果电路的电阻减小，就是负载（　　）；如果电路的电阻增大，就是负载（　　）。

A. 减小   B. 增大   C. 不变

7. 一只 100 kΩ 的电阻接在电路中，一端的电位为 50 V，另一端的电位为 50 V，则流过该电阻的电流为（　　）。

A. 0.5 mA   B. 1 A   C. 1 mA

8. 一定温度下，电阻阻值的大小与（　　）无关。

A. 电阻的材料   B. 电流

C. 电阻的长度   D. 电阻的横截面积

9. 两只电阻值不等的电阻，如果串联接到电源上，则电阻值小的电阻其电功率（　　）；如果并联接到电源上，则电阻值小的电阻其电功率（　　）。

A. 大   B. 小   C. 一样

10. 额定电压都是 220 V 的 60 W、40 W 两只白炽灯串联接在 220 V 电源上，则（　　）。

A. 60 W 的白炽灯较亮   B. 40 W 的白炽灯较亮

C. 两只白炽灯一样亮

四、计算题

1. 如题图 1－1 所示电路中，电流表 A_1 的读数为 9 A，A_2 的读数为 3 A，$R_1 = 4\ \Omega$，$R_2 = 6\ \Omega$，试计算 R_3 和总的等效电阻 R_{ab}。

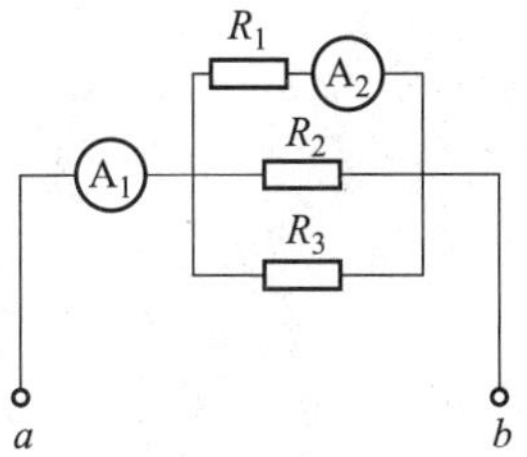

题图 1　1

2. 试求如题图 1－2 所示各电路中等效电阻 R_{ab}。

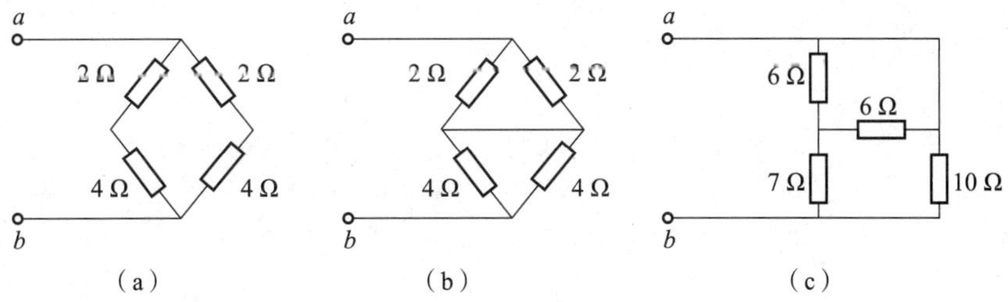

（a）　　　　　　（b）　　　　　　（c）

题图 1－2

3. 如题图 1－3 所示电路中，已知 $R_1 = R_2 = R_3 = R_4 = 300\ \Omega$，$R_5 = 600\ \Omega$，试分别计算当开关 S 断开与闭合时电路 a、b 两端的等效电阻 R_{ab}。

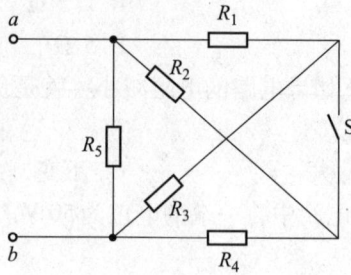

题图 1－3

项目二

直流电路的分析与计算

📖 项目导读

在日常生活中，灯泡控制电路、电扇调速电路等都包含有电阻和电源，家用电器的电路板上也有很多电阻，那么由电阻和电源组成的电路如何计算每个元器件上的电压和电流呢？本项目我们就一起学习直流电路的计算方法。

📖 案例引入

某直流电路如图 2 - 1 所示，已知 $U_{S1} = 25$ V，$U_{S2} = 10$ V，$R_1 = R_2 = 5$ Ω，$R_3 = 15$ Ω，请分析并计算各支路电流。

📖 项目目标

（1）掌握电压源、电流源的等效变换及等效电路；
（2）掌握欧姆定律；
（3）能够使用支路电流法计算电路参数；
（4）理解叠加原理及其应用。

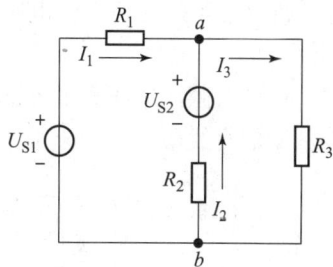

图 2 - 1　直流电路图

任务 1　电源的等效变换

在组成电路的各种元件中，电源是提供电能或电信号的元件，常称为有源元件，如发电机、电池和集成运算放大器等。能够独立地向外电路提供电能的电源，称为独立电源；不能独立向外电路提供电能的电源称为非独立电源，又称为受控源。本任务介绍独立电源。一个电源可用两种不同的电路模型表示，用电压形式表示的称为电压源；用电流形式表示的，称为电流源。

1.1 电压源

1.1.1 理想电压源

直流发电机和铅蓄电池都是电源，它们具有不变的电动势和较小内阻，我们称其为电压源。如果电源内阻 $R_0 \approx 0$，则端电压 U 不随电流变化而变化，这是一种理想情况，我们把具有不变电动势且内阻为 0 的电源称为理想电压源或恒压源，如图 2-2（a）所示。理想电压源的电流是任意的，与电压源的负载（外电路）状态有关，图 2-2（b）所示为理想电压源的伏安特性曲线。

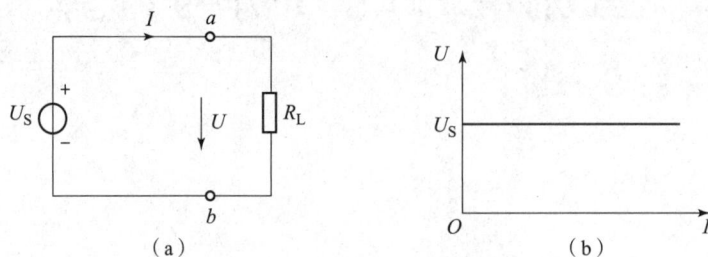

图 2-2　电压源

（a）理想电压源；（b）理想电压源的伏安特性曲线

1.1.2 实际电源的电压源模型

实际电源总是有内部消耗的，只是内部消耗通常都很小，因此可以用一个理想的电压源元件与一个阻值较小的电阻（内阻）串联组合来等效，如图 2-3（a）虚线部分所示。

电压源两端接上负载 R_L 后，负载上就有电流 I 和电压 U，分别称为输出电流和输出电压。在图 2-3（a）中，电压源的外特性方程为

$$U = U_S - IR_0 \tag{2-1}$$

由此可画出电压源的外部特性曲线，如图 2-3（b）的实线部分所示，它是一条具有一定斜率的直线段，因内阻很小，所以外特性曲线较平坦。

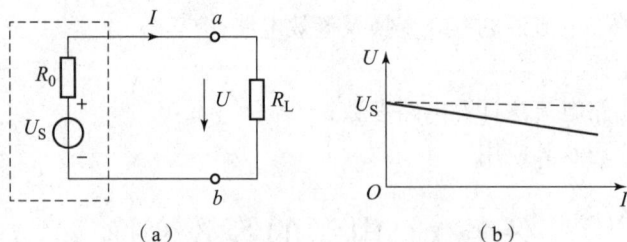

图 2-3　实际电压源模型及其外部特性曲线

（a）实际电压源；（b）外部特性曲线

电压源不接外电路时，电流总等于零值，这种情况称为"电压源处于开路"。当 $U_S = 0$ 时，电压源的伏安特性曲线为 $U-I$ 平面上的电流轴，输出电压等于零，这种情况称为"电压源处于短路"，实际中是不允许发生的。

1.2　电流源

1.2.1　理想电流源

理想电流源也是实际电源的一种抽象。它提供的电流总能保持恒定值或是一定的时间函数值，而与它两端所加的电压无关，其中能保持某一恒定电流的称为恒流源，如图 2－4（a）所示。理想电流源两端所加电压是任意的，与电流源的负载（外电路）状态有关，图 2－4（b）所示为理想电流源的伏安特性曲线。

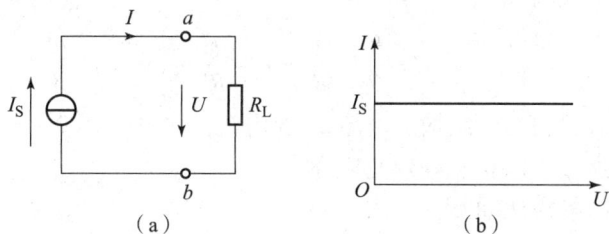

图 2－4　电流源
（a）理想电流源；（b）理想电流源的伏安特性曲线

1.2.2　实际电源的电流源模型

实际的电源总是有内部消耗的，只是内部消耗通常都很小，因此可以用一个理想的电流源元件与一个阻值很大的电阻（内阻）并联组合来等效，如图 2－5（a）虚线部分所示。

电流源两端接上负载 R_L 后，负载上就有电流 I 和电压 U，分别称为输出电流和输出电压。在图 2－5（a）中，电流源的外特性方程为

$$I = I_S - \frac{U}{R_0} \qquad\qquad (2-2)$$

由此可画出电流源的外部特性曲线，如图 2－5（b）的实线部分所示，它是一条具有一定斜率的直线段，因内阻很大，所以外特性曲线较平坦。

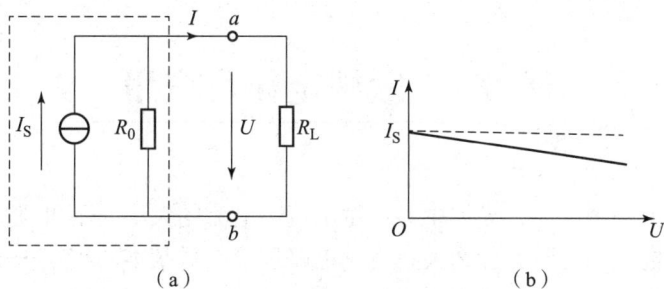

图 2－5　实际电流源模型及其外部特性曲线
（a）实际电流源；（b）外部特性曲线

电流源两端短路时，端电压等于零值，即电流源的电流为短路电流。当 $I_S = 0$ 时，电流源的伏安特性曲线为 $I-U$ 平面上的电压轴，相当于"电流源处于开路"，实际中"电流源开路"是没有意义的，也是不允许的。

1.3　电压源与电流源的等效变换

一个实际电源的外特性是客观存在的，既可以用电压源模型来表示，也可以用电流源模

型来表示。电压源和电流源在它们的电压完全相同时，两种模型就可等效。下面以电压源变换为电流源来说明等效原理。

由图 2-3 可得到电路电压方程

$$U = U_S - IR_0 \tag{2-3}$$

将式（2-3）两边除以内阻 R_0 得

$$\frac{U}{R_0} = \frac{U_S}{R_0} - I \tag{2-4}$$

将式（2-4）进行变换得

$$I = \frac{U_S}{R_0} - \frac{U}{R_0} = I_S - \frac{U}{R_0} \tag{2-5}$$

由外电路电压方程可得并联结构。由图 2-5 电流源可知，图 2-3 和图 2-5 是同一电源的两种电源模型，所以可以相互等效变换。

电压源与电流源变换方法如下：

（1）电压源的电压除以内阻 R_0 得电流 I_S，即 $I_S = \dfrac{U_S}{R_0}$，I_S 和 R_0 相并联变为电流源。

（2）电流源的电流乘以内阻 R_0 得电压 U_S，即 $U_S = I_S R_0$，U_S 和 R_0 相串联变为电压源。

（3）内阻 R_0 不变。

小提示

（1）电压源与电流源变换对外电路的作用是等效的。

（2）电压源与电流源变换对内电路不适用。

（3）电压源的方向与电流源的方向必须保持一致。

（4）理想电压源和理想电流源不能互换。因理想电压源内阻为 0，理想电流源内阻为 ∞。

任务 2　欧姆定律及应用

在导体两端加上一个电压，导体中会产生电流。电流的大小，不可避免地会受到电阻的影响。那么电压、电流和电阻有什么关系呢？电路理论中最基本的定律——欧姆定律就描述了三者的关系，下面分几种具体情况来讨论。

2.1　部分电路欧姆定律

在一个完整的电路中，只有电阻而不包含电源的支路称为一段无源支路，如图 2-6 所示。

实验证明：流过一段无源支路的电流 I 的大小与支路两端的电压 U 成正比，与支路的电阻 R 成反比，这个规律称为部分电路的欧姆定律。

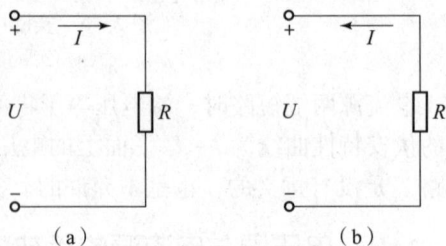

图 2-6　部分电路

（a）关联参考方向；（b）非关联参考方向

如图 2-6（a）所示，图中电阻 R 上的电压参考方向与电流参考方向是一致的，称为关联参考方向。此时，部分电路欧姆定律可以用公式表示为

$$I = \frac{U}{R} \tag{2-6}$$

如图 2-6（b）所示，图中电阻 R 上的电压参考方向与电流参考方向是不一致的，称为非关联参考方向。此时，部分电路欧姆定律可以用公式表示为

$$I = -\frac{U}{R} \tag{2-7}$$

式中"－"切不可漏掉。

🔁 边学边练

例：一个线圈接在 12 V 的直流电源上，测出线圈中的电流为 200 mA，试求该线圈的电阻是多少？

解：已知 $U = 12$ V，$I = 200$ mA $= 0.2$ A，则

$$R = \frac{U}{I} = \frac{12}{0.2} = 60 \ (\Omega)$$

2.2　全电路欧姆定律

全电路是指由内电路和外电路组成的闭合电路的整体，如图 2-7 所示，图中的虚线框代表一个电源的内部电路，称为内电路。R_0 是电源的内阻，又称为内电阻。电源外部的电路称为外电路。

实验证明：流过闭合电路的电流 I 的大小与电动势 E 成正比，与电路中内、外电阻之和（$R + R_0$）成反比，这个规律称为全电路欧姆定律，又称为闭合电路的欧姆定律，用公式表示为

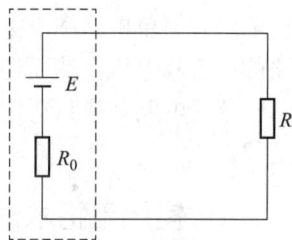

图 2-7　全电路

$$I = \frac{E}{R + R_0} \tag{2-8}$$

式中　E——电源电动势，单位为伏特（V）；

R——负载电阻，单位为欧姆（Ω）；

R_0——电源内阻，单位为欧姆（Ω）；

I——闭合电路中的电流，单位为安培（A）。

由闭合电路的欧姆定律可知：

$$IR = E - IR_0 \tag{2-9}$$

则

$$U = E - IR_0 \tag{2-10}$$

式中　U——外电路电压，又叫路端电压或端电压；

IR_0——电源的内电压，又叫内压降。

对于确定的电源来说，电动势 E 和内电阻 R_0 都是一定的，从式（2-10）可以看出电

源的端电压 U 跟电路中的电流 I 的关系。电流 I 增大时，内压降 IR_0 增大，电源端电压 U 减小；反之，电流 I 减小时，电源端电压 U 就增大。当电路是闭合电路时，电源的端电压等于外电路两端的电压，即 $U = IR$。当电路开路时，电源的端电压就等于电源的电动势。

边学边练

例：有一闭合电路，电源电动势 $E = 12$ V，其内阻 $R_0 = 2$ Ω，负载电阻 $R = 10$ Ω，试求电路中的电流、负载两端的电压、电源内阻上的内压降。

解：根据全电路欧姆定律

$$I = \frac{E}{R + R_0} = \frac{12}{10 + 2} = 1 \ （A）$$

由部分电路欧姆定律，可求负载两端电压

$$U_外 = IR = 1 \times 10 = 10 \ （V）$$

电源内阻上的电压降为

$$U_内 = IR_0 = 1 \times 2 = 2 \ （V）$$

任务3　基尔霍夫定律及应用

电路有简单电路和复杂电路。简单电路的计算，可直接用电阻的串并联和欧姆定律解出电路的电流和电压。然而还有一些不能用串并联简化成无分支电路的复杂电路，如图 2 - 8 所示，这些电路如果只运用欧姆定律计算不能求出电路中的电流和电压，还需要应用基尔霍夫定律。

3.1　常用电路术语

基尔霍夫定律是与电路结构有关的定律，在研究基尔霍夫定律之前，先介绍与之有关的常用电路术语。

2.1 基尔霍夫定律基本概念

1. 支路

任意两个节点之间无分叉的分支电路称为支路，例如图 2 - 8 中的 $C - A - D$ 支路、$C - D$ 支路、$C - B - D$ 支路。

2. 节点

电路中，三条或三条以上支路的汇交点称为节点，例如图 2 - 8 中的 C 点、D 点。

3. 回路

电路中由若干条支路构成的任一闭合路径称为回路，例如图 2 - 8 中的 $A - C - D - A$ 回路、$C - B - D - C$ 回路、$A - C - B - D - A$ 回路。

4. 网孔

不包围任何支路的单孔回路称网孔。图 2 - 8 中 $A - C - D - A$ 回路和 $C - B - D - C$ 回路都是网孔，而

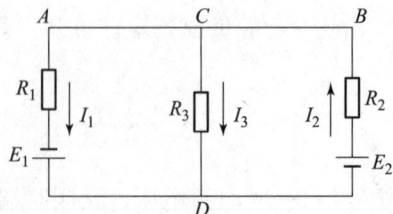
图 2 - 8　复杂电路

$A-C-B-D-A$ 回路不是网孔。即网孔一定是回路，而回路不一定是网孔。

3.2 基尔霍夫电流定律（KCL）

基尔霍夫电流定律也称基尔霍夫第一定律，定义为：在任一时刻，流入某一个节点的电流和恒等于从这一个节点流出的电流和，即

$$\sum I_{入} = \sum I_{出} \qquad\qquad (2-11)$$

如图 2-8 所示，I_1 和 I_3 是流入节点 D，而 I_2 是流出节点 D 的，根据基尔霍夫电流定律，则

$$I_1 + I_3 = I_2$$

或

$$I_1 + I_3 - I_2 = 0$$

如果规定流入节点的电流为正，流出节点的电流为负，则基尔霍夫定律也可写成

$$\sum I = 0 \qquad\qquad (2-12)$$

即在任一电路的任一节点上，电流的代数和永远等于零。

🔄 **边学边练**

例：如图 2-9 所示的闭合面包围的是一个三角形电路，它有三个节点。求流入闭合面的电流 I_A、I_B、I_C 之和是多少？

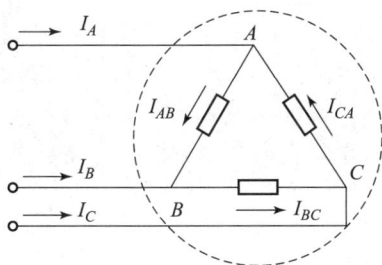

图 2-9 三角形电路

解：应用基尔霍夫电流定律可列出

$$I_A = I_{AB} - I_{CA}$$
$$I_B = I_{BC} - I_{AB}$$
$$I_C = I_{CA} - I_{BC}$$

上面三式相加可得

$$I_A + I_B + I_C = 0$$

即

$$\sum I = 0$$

可见，在任一时刻，通过任一闭合面的电流的代数和也恒等于零。由上面的例子可知，节点电流定律不仅适用于节点，还可应用到某个封闭回路。

3.3 基尔霍夫电压定律（KVL）

基尔霍夫电压定律也称基尔霍夫第二定律，定义为：在任一瞬间，沿电路中的任一回路，各段电压的代数和恒等于零，即

$$\sum U = 0 \qquad\qquad (2-13)$$

在应用 KVL 列电压方程时，应注意：

(1) 选取回路的绕行方向（回路的绕行方向既可按顺时针方向，也可按逆时针方向）；

(2) 确定各段电压的参考方向。规定：当电压的参考方向和回路的绕行方向一致时，该电压取正值；反之，电压取负值。

边学边练

例：如图 2-10 所示，列出回路 *ABCDEFA* 的基尔霍夫电压定律表达式。

解：假设该回路的绕行方向如图 2-10 所示，则应用基尔霍夫电压定律可列出

$$U_{AB} + U_{BC} + U_{CD} + U_{DE} + U_{EF} + U_{FA} = 0$$

因为

$$U_{AB} = I_2 R_2$$
$$U_{BC} = -I_3 R_3$$
$$U_{CD} = E_2$$
$$U_{DE} = -I_4 R_4$$
$$U_{EF} = E_1$$
$$U_{FA} = -I_1 R_1$$

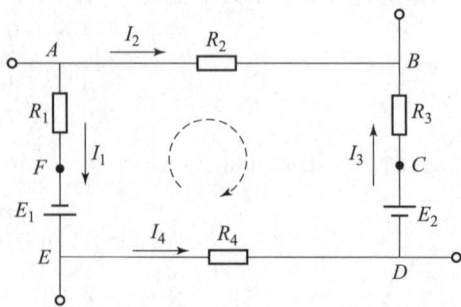

图 2-10　回路

所以

$$I_2R_2 - I_3R_3 + E_2 - I_4R_4 + E_1 - I_1R_1 = 0$$

即

$$E_2 + E_1 = I_1R_1 - I_2R_2 + I_3R_3 + I_4R_4$$

上式表明，在任一时刻，一个闭合回路中，各电源电动势的代数和恒等于各电阻上电压降的代数和，即

$$\sum E = \sum IR$$

小提示

（1）KVL 的实质是反映了电路遵从能量守恒定律；

（2）KVL 是对回路加的约束，与回路各支路上接的是什么元件无关，与电路是线性还是非线性无关；

（3）KVL 方程是按电压参考方向列写的，与电压实际方向无关。

3.4　支路电流法

支路电流法是以支路电流变量为未知量，利用基尔霍夫定律和欧姆定律所决定的两类约束关系，建立数目足够且相互独立的方程组，解出支路电流，进而再根据电路有关的基本概念求解电路其他变量的一种电路分析方法。

3.4.1　支路电流法的步骤

对于一个具有 n 个节点，b 条支路的电路，利用支路电流法分析计算电路的一般步骤如下：

2.4 支路电流法

（1）在电路中假设出各支路（b 条）电流的变量，且选定其参考方向；选定网孔回路的绕行方向。

（2）根据基尔霍夫电流定律列出独立的节点电流方程。电路有 n 个节点，那么只有 $(n-1)$ 个独立的节点电流方程。

（3）根据基尔霍夫电压定律列出独立的回路电压方程。可以列写出 $l = b - (n-1)$ 个回路电压方程。为了保证方程的独立，一般选择网孔来列方程。

（4）联立求解上述所列的 b 个方程，从而求解出各支路电流变量，进而求解出电路中的其他变量。

3.4.2　支路电流法的应用

应用支路电流法求解图 2-1 中所示各支路电流。该电路有两个节点，两个网孔，三个回路。

按图 2-1 中所示参考方向，节点 a 的 KCL 方程为

$$I_1 + I_2 = I_3$$

按照顺时针方向两个网孔的 KVL 方向为

$$R_1I_1 + U_{S2} - R_2I_2 - U_{S1} = 0$$
$$R_2I_2 - U_{S2} + R_3I_3 = 0$$

联立方程得方程组

$$\begin{cases} I_1 + I_2 = I_3 \\ 5I_1 + 10 - 5I_2 - 25 = 0 \\ 5I_2 - 10 + 15I_3 = 0 \end{cases}$$

解方程组得

$$I_1 = 2 \text{ A}$$

$$I_2 = -1 \text{ A}$$

$$I_3 = 1 \text{ A}$$

任务 4 叠加定理及应用

叠加定理是反映线性电路基本性质的一个重要定理。这里线性电路的概念必须明确：仅由线性电路元件和独立电源（电压源和电流源）组成的电路为线性电路。线性电路的参数不随外加电压及通过其中的电流而变化，即电压和电流成正比。

4.1 叠加定理

如图 2 – 11（a）所示，现有一个双电源电路为一个负载供电，一个是 10 V 电源，一个是 20 V 电源，作用在一个阻值是 5 Ω 的电阻上，电流是 $I = \dfrac{10 + 20}{5} = 6$（A）。如果两个电源分别为负载供电，如图 2 – 11（b）所示，20 V 电源产生的电流是 $I_1 = \dfrac{20}{5} = 4$（A）；如图 2 – 11（c）所示，10 V 电源产生的电流是 $I_2 = \dfrac{10}{5} = 2$（A），总电流 $I = I_1 + I_2 = 4 + 2 = 6$（A）。这可以理解为两个电源叠加之后作用在电阻上，进而总结出叠加定理。

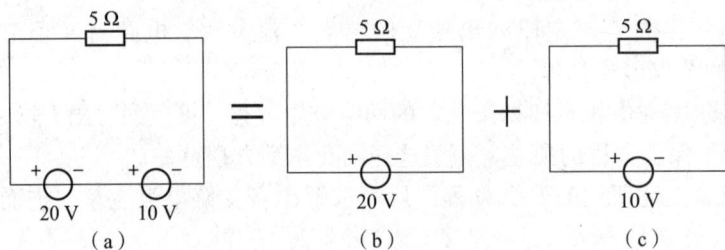

图 2 – 11 叠加定理

（a）双源电路；（b）20 V 电源电路；（c）10 V 电源电路

叠加原理的内容是：在线性电路中，任一支路的电流（或电压）都是电路中各个电源单独作用时在该支路产生的电流（或电压）的代数和。

4.2 叠加定理的应用

应用叠加定理解题时，应该注意：

（1）叠加定理仅适用于线性电路，不适用于非线性电路；仅适用于电压、电流的计算，不适用于功率的计算。

（2）当某一独立电源单独作用时，其他独立源的参数都置为零，即电压源代之以短路，电流源代之以开路。

（3）应用叠加定理求电压、电流时，应特别注意各分量的符号。若分量的参考方向和原电路中的参考方向一致，则该分量取正号；反之则取负号。

（4）叠加的方式是任意的，可以一次使一个独立源单独作用，也可以一次使几个独立源同时作用，方式的选择取决于对分析计算问题简便与否。

对图 2-1 所示电路应用叠加定理求解。首先画出分电路图，如图 2-12 所示。

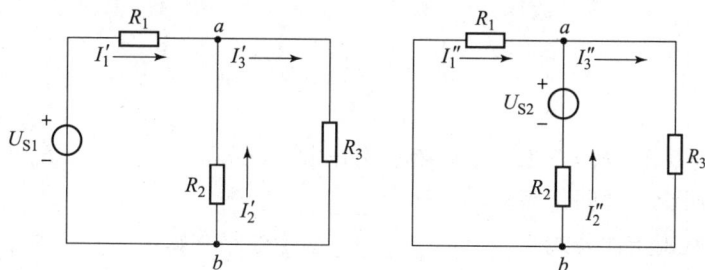

图 2-12　分电路图

当 U_{S1} 作用时

$$I_1' = \frac{U_{S1}}{R_1 + \dfrac{R_2 R_3}{R_2 + R_3}} = \frac{20}{7} \text{（A）}$$

当 U_{S2} 作用时

$$I_1'' = -\frac{U_{S2}}{R_2 + \dfrac{R_1 R_3}{R_1 + R_3}} \cdot \frac{R_3}{R_1 + R_3} = -\frac{6}{7} \text{（A）}$$

则所求电流

$$I_1 = I_1' + I_1'' = \frac{20}{7} - \frac{6}{7} = 2 \text{（A）}$$

当 U_{S1} 作用时

$$I_2' = -\frac{U_{S1}}{R_1 + \dfrac{R_2 R_3}{R_2 + R_3}} \cdot \frac{R_3}{R_1 + R_3} = -\frac{15}{7} \text{（A）}$$

当 U_{S2} 作用时

$$I_2'' = \frac{U_{S2}}{R_2 + \dfrac{R_1 R_3}{R_1 + R_3}} = \frac{8}{7} \text{（A）}$$

则所求电流

$$I_2 = I_2' + I_2'' = -\frac{15}{7} + \frac{8}{7} = -1 \text{（A）}$$

当 U_{S1} 作用时

$$I_3' = \frac{U_{S1}}{R_1 + \dfrac{R_2 R_3}{R_2 + R_3}} \cdot \frac{R_2}{R_2 + R_3} = \frac{5}{7} \text{（A）}$$

当 U_{S2} 作用时

$$I''_3 = \frac{U_{S2}}{R_1 + \dfrac{R_1 R_3}{R_1 + R_3}} \cdot \frac{R_1}{R_2 + R_3} = \frac{2}{7} \text{（A）}$$

则所求电流

$$I_3 = I'_3 + I''_3 = \frac{5}{7} + \frac{2}{7} = 1 \text{（A）}$$

项目自测

一、填空题

1. 电流源 $I_S = 5$ A，$R_0 = 2$ Ω，若变换成电压源，则 $E = $ _____，$R_0 = $ _____。

2. 不能用电阻串、并联化简的电路称为_____。

3. 部分电路欧姆定律公式为_____，全电路欧姆定律公式为_____。

4. 电路中流过同一电流的每一个分支叫_____，流过支路的电流称为_____。

5. 对于一个具有 n 个节点、b 条支路的电路，利用支路电流法分析求解电路时可以列_____个独立节点电流方程，_____个回路电压方程。

6. 线性电阻元件上的电压、电流关系，任意瞬间都受_____定律的约束；电路中各支路电流任意时刻均遵循_____，回路上各电压之间的关系则受_____的约束。

7. 元件上电压和电流关系成正比变化的电路称为_____电路。

8. 叠加定理仅适用于_____，仅适用于电压、电流的计算，不适用于_____的计算。

二、判断题

1. 电流定律（KCL）的通式 $\sum I = 0$，对于一个封闭曲面也是适用的。　　　　（　　）

2. 基尔霍夫电压定律（KVL），它的通式是 $\sum E = \sum U$，这是普遍适用的公式。（　　）

3. 理想电压源的内阻为无穷大，理想电流源的内阻为零。　　　　　　　　（　　）

4. 理想电压源与理想电流源之间也可以进行等效变换。　　　　　　　　（　　）

5. 电压源与电流源之间的等效变换，不论对内电路还是对外电路都是等效的。（　　）

三、选择题

1. 电源以电动势 E 与内阻 R_0 串联的形式出现的称为（　　）。

A. 电流源　　　　　　　　B. 电压源　　　　　　　　C. 两者都不是

2. 电压源与电流源的等效变化是针对（　　）。

A. 电源的内部　　　　　　B. 电源的外部　　　　　　C. 两者都不是

3. 实际电压源和电流源模型中，其内阻与理想电压源和电流源之间的正确连接关系是（　　）。

A. 理想电压源与内阻串联，理想电流源与内阻串联

B. 理想电压源与内阻并联，理想电流源与内阻串联

C. 理想电压源与内阻串联，理想电流源与内阻并联

D. 理想电压源与内阻并联，理想电流源与内阻并联

四、计算题

1. 求题图 2-1 所示电路中 a，b 两点间的电流 I。

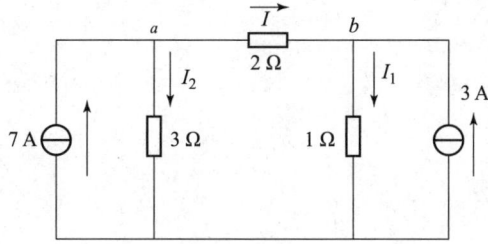

题图 2-1

2. 求题图 2-2 所示各电路的未知电流。

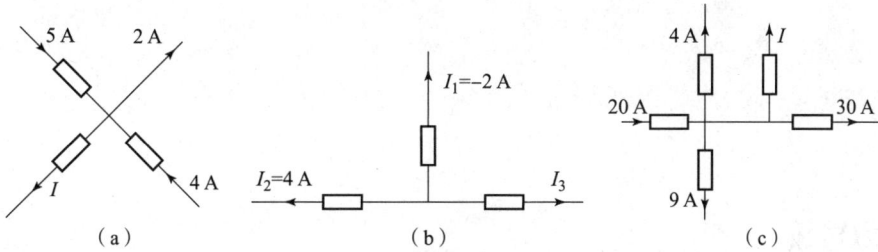

（a）　　　　　　　　（b）　　　　　　　　（c）

题图 2-2

3. 题图 2-3 所示为复杂电路的一部分，已知 $U_1 = 2$ V，$U_2 = 3$ V，$U_3 = 4$ V，求 U_4、U_5。

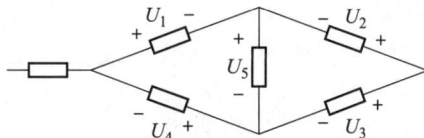

题图 2-3

4. 试用等效化简电路的方法，求题图 2-4 所示电路中 5 Ω 电阻元件支路的电流 I 和电压 U。

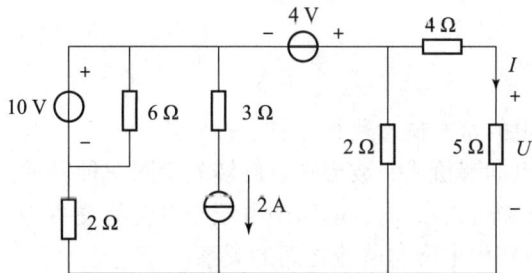

题图 2-4

项目三

日光灯电路分析

项目导读

大家在日常生活中接触过哪些电器？它们用的是直流电还是交流电？在前面的项目中我们已经认识了直流电，在本项目中，我们将学习交流电。交流电和直流电有什么不同？我们平常说的 220 V 和 380 V 电压，是指交流电的什么值？

案例引入

图 3 – 1 所示为日光灯工作原理，其中灯管电阻 $R_1 = 280\ \Omega$，镇流器电阻 $R_L = 20\ \Omega$，电感 $L = 1.275\ \text{H}$，接在 220 V 的工频交流电上，请分析电路的总电流 I、灯管和镇流器两端电压 U_R 和 U_L 以及该电路的功率。

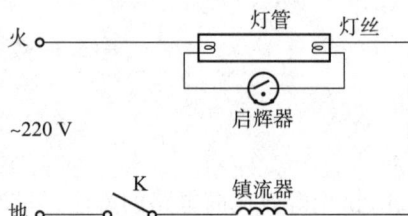

图 3 – 1　日光灯工作原理

项目目标

(1) 掌握正弦交流电的基本概念及其三要素；
(2) 了解正弦交流电的解析式、波形图、旋转矢量图三种表示方法；
(3) 掌握纯电阻、纯电感、纯电容电路中电压与电流的关系；
(4) 掌握 RL 串联电路中电压与电流之间的关系；
(5) 理解正弦交流电路的有功功率、无功功率、视在功率、功率因数的概念；
(6) 了解提高功率因数的意义和方法。

任务 1　认识交流电

1.1　直流电和交流电

图 3 - 2 所示为几种电流的波形：图 3 - 2 （a） 电流的大小和方向都不随时间变化，称为直流电；图 3 - 2 （b） 电流的大小随时间做周期性变化，但是方向不变，也属于直流电，称为"脉动直流电"；图 3 - 2 （c） ～图 3 - 2 （f） 电流变化的规律不同，但有一个共同之处，就是电流的大小和方向都随时间做周期性变化，且在一个周期内平均值为零，这样的电流 （或电压、电动势） 统称为交流电。

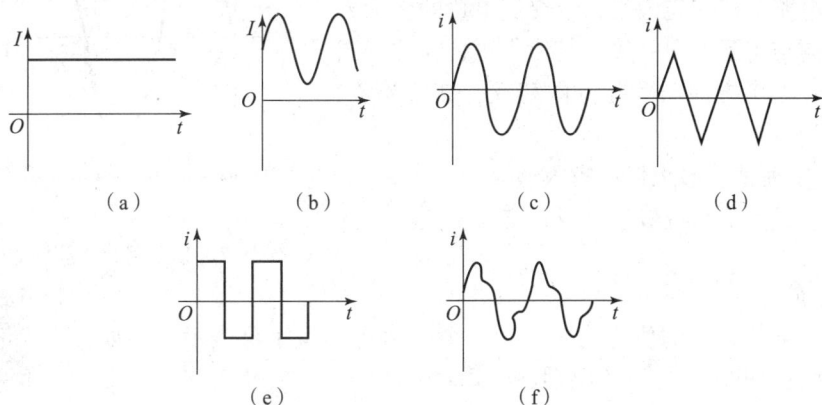

（a）　　　　　（b）　　　　　（c）　　　　　（d）

（e）　　　　　（f）

图 3 - 2　直流电和交流电的波形
（a） 直流电；（b） 脉动直流电；（c） 交流正弦波；（d） 交流三角波；
（e） 交流方波；（f） 任意交流波形

在日常生活和生产中我们使用的大多数是交流电，即使是需要直流电能供电的设备，一般也是由交流电能转换成直流电能供电，只有功率较小且需要随时移动的设备才使用电池供电。图 3 - 3 所示为交流电设备。

（a）　　　　　　　　　　　　　（b）

图 3 - 3　交流电设备
（a） 变压器；（b） 电动机

交流电之所以被广泛应用是因为它有独特的优势：

（1）交流电可用变压器变换电压，有利于通过高压输电实现电能大范围集中、统一输送与控制；

（2）交流发电设备性能好、效率高，生产交流电的成本较低；

（3）交流电动机比相同功率的直流电动机构造简单、造价低。

1.2　正弦交流电的三要素

随时间按正弦规律变化的交流电称为正弦交流电，其波形如图 3-4 所示。目前广泛使用的交流电都是正弦交流电，如无特殊说明，本书所指的"交流电"都是指正弦交流电。由于正弦交流电量的大小和方向随时间做周期性变化，因此在分析和计算交流电路前，首先假定正弦交流电量的参考方向，参考方向与实际方向一致，其值为正，在波形图上为正半周；参考方向与实际方向相反，其值为负，在波形图上为负半周。

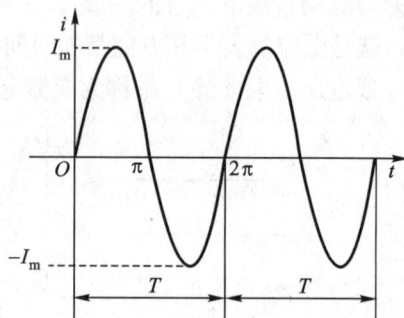

1.2.1　瞬时值、最大值和有效值

瞬时值、最大值和有效值是反映交流电大小的物理量。

图 3-4　正弦交流电流波形图

1. 瞬时值

交流电在某一时刻的值称为瞬时值。瞬时值用小写字母表示，例如：u、i、e 分别表示电压、电流、电动势的瞬时值。

3.1 正弦交流电三要素

2. 最大值

瞬时值中最大的值称为最大值，也称为幅值、峰值或振幅。最大值用大写字母加下标 m 表示，例如：U_m、I_m、E_m 分别表示电压、电流、电动势的最大值。

3. 有效值

交流电的瞬时值是随时间而变化的，不便于用它表示正弦量的大小。工程上常用有效值来计量正弦量的大小。

交流电的有效值是根据电流的热效应来规定的。若交流电和直流电同时分别通过两个相同阻值的电阻器，当在同样的时间内产生的热量相等时，称直流电流值为交流电流的有效值。有效值用大写字母表示，例如：U、I、E 分别表示电压、电流、电动势的有效值。

正弦交流电的有效值与最大值之间的关系如下：

$$U = \frac{U_m}{\sqrt{2}} \approx 0.707U_m \tag{3-1}$$

$$I = \frac{I_m}{\sqrt{2}} \approx 0.707I_m \tag{3-2}$$

$$E = \frac{E_m}{\sqrt{2}} \approx 0.707E_m \tag{3-3}$$

正弦电动势、电压、电流的瞬时值表达式为

$$e = E_{\mathrm{m}}\sin(\omega t + \varphi_e) = \sqrt{2}E\sin(\omega t + \varphi_e) \qquad (3-4)$$

$$u = U_{\mathrm{m}}\sin(\omega t + \varphi_u) = \sqrt{2}U\sin(\omega t + \varphi_u) \qquad (3-5)$$

$$i = I_{\mathrm{m}}\sin(\omega t + \varphi_i) = \sqrt{2}I\sin(\omega t + \varphi_i) \qquad (3-6)$$

小提示

在交流电路中，一般所讲电压或电流的大小都是指有效值，如交流电表测出的电压或电流值，电器上标明的额定值等。但电器上的耐压值是指最大值。

边学边练

例：已知一正弦交流电压 $u = 311\sin 314t$，试求最大值 U_{m}、有效值 U 和 $t = 0.1\ \mathrm{s}$ 时的瞬时值。

解：
$$U_{\mathrm{m}} = 311\ \mathrm{V}$$

$$U = \frac{U_{\mathrm{m}}}{\sqrt{2}} = \frac{311}{\sqrt{2}} \approx 220\ (\mathrm{V})$$

$$u = 311\sin 314t = 311\sin(314 \times 0.1) = 311\sin(100\pi \times 0.1) = 311\sin 10\pi = 0$$

问题与讨论

一台耐压为 300 V 的电器，是否可用于 220 V 的交流电路上？

1.2.2 周期、频率和角频率

周期、频率和角频率是反映交流电变化快慢的物理量。

1. 周期

交流电完成一次周期性变化所需的时间称为周期，用符号 T 表示，单位为秒（s），比秒小的常用单位还有毫秒（ms）、微秒（μs）、纳秒（ns）。它们之间的换算关系为

$$1\ \mathrm{s} = 10^3\ \mathrm{ms} = 10^6\ \mathrm{\mu s} = 10^9\ \mathrm{ns}$$

2. 频率

交流电在单位时间（1 s）内完成周期性变化的次数称为频率，用符号 f 表示，单位为赫兹（Hz）。常用的单位还有千赫（kHz）和兆赫（MHz）。它们之间的换算关系为

$$1\ \mathrm{Hz} = 10^{-3}\ \mathrm{kHz} = 10^{-6}\ \mathrm{MHz}$$

根据周期和频率的定义可知，周期与频率互为倒数，即

$$f = \frac{1}{T} \qquad (3-7)$$

我国和大多数国家都采用 50 Hz 作为电力系统的供电频率，习惯上称为"工频"。日本、美国等少数国家采用的交流电频率为 60 Hz。

3. 角频率

交流电在单位时间（1 s）内角度的变化量称为角频率，用符号 ω 表示，单位为弧度/秒（rad/s）。因正弦交流电在一个周期内变化 2π 的角度，因此角频率、周期和频率有以下关系：

$$\omega = \frac{2\pi}{T} = 2\pi f \tag{3-8}$$

式中，ω、T、f 都是表示正弦量变化快慢的物理量，只要知道其中一个，即可求出其他两个量。

边学边练

例： 我国工业的照明用电的频率为 $f = 50$ Hz，求其周期和角频率。

解： 周期为 $\qquad T = \dfrac{1}{f} = \dfrac{1}{50} = 0.02$ （s）

角频率为 $\qquad \omega = 2\pi f = 2\pi \times 50 = 314$ （rad/s）

1.2.3 相位、初相位和相位差

正弦量是随时间而变化的，要确定一个正弦量还必须从计时起点（$t=0$）上看。所取的时间起点不同，正弦量的初始值就不同，到达最大值或某一特定值所需的时间也就不同。

1. 相位

在式（3-5）中，$(\omega t + \varphi_u)$ 称为正弦量的相位角，简称为相位。

2. 初相位

当 $t=0$ 时相位角为 φ_u，称为初相角或初相位，简称为初相，用符号 φ 表示，单位为弧度（rad）或度（°）。初相可以为正、负或零。为了避免混乱，规定初相角的取值为 $-\pi \leq \varphi \leq \pi$（$-180° \leq \varphi \leq 180°$）。

3. 相位差

在交流电路中常引用"相位差"这个概念来描述两个同频正弦量之间的相位关系，即两个同频正弦量相位之差，用 $\Delta\varphi$ 表示。相位差的取值范围也为 $-\pi \leq \Delta\varphi \leq \pi$（$-180° \leq \Delta\varphi \leq 180°$）。

设同频正弦电压 u 和电流 i，其波形图如图 3-5 所示，其数学表达式分别为

$$u = U_m\sin(\omega t + \varphi_u)$$
$$i = I_m\sin(\omega t + \varphi_i)$$

则 u、i 的相位差为

$$\Delta\varphi = (\omega t + \varphi_u) - (\omega t + \varphi_i) = \varphi_u - \varphi_i \tag{3-9}$$

可见，相位差也是它们的初相位之差，与时间无关。

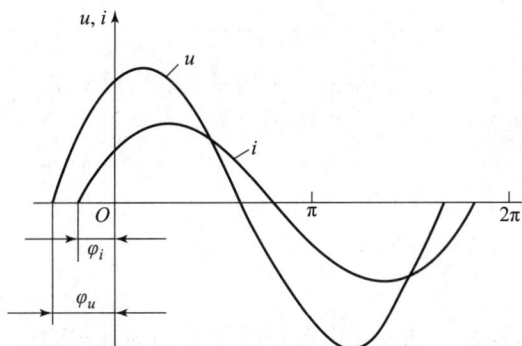

图 3 - 5 电压与电流相位差

从图 3 - 5 看出，u 和 i 的初相不同，它们变化的步调不一致，u 比 i 先到达最大值。

根据相位差，两个同频率正弦交流电相位之间的关系，见表 3 - 1。两正弦量的相位差与波形图如图 3 - 6 所示。

表 3 - 1 两个同频率正弦交流电相位之间的关系

$\Delta\varphi = \varphi_u - \varphi_i$	常用表述
$\Delta\varphi < 0$	u 的相位滞后于 i 的相位或 i 的相位超前于 u 的相位
$\Delta\varphi > 0$	u 的相位超前于 i 的相位或 i 的相位滞后于 u 的相位
$\Delta\varphi = 0$	u 与 i 同相
$\Delta\varphi = \pm\pi$	u 与 i 反相
$\Delta\varphi = \pm\dfrac{\pi}{2}$	u 与 i 正交

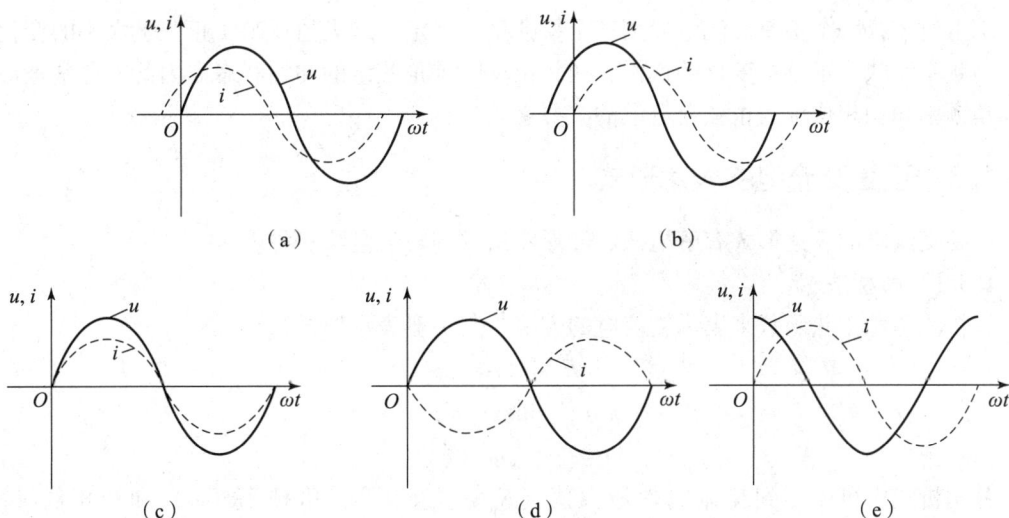

（a）

（b）

（c） （d） （e）

图 3 - 6 两正弦量的相位差与波形图

（a）$\Delta\varphi < 0$；（b）$\Delta\varphi > 0$；（c）$\Delta\varphi = 0$；（d）$\Delta\varphi = \pm\pi$；（e）$\Delta\varphi = \pm\dfrac{\pi}{2}$

（1）两个同频率的正弦量之间的相位差为常数，与计时的选择起点无关。
（2）不同频率的正弦量不存在相位差的概念。

边学边练

例： 已知正弦交流电流的电压 u 和电流瞬时值分别为 $u = 220\sqrt{2}\sin\left(100\pi t + \dfrac{\pi}{6}\right)$ V，$i = 3\sqrt{2}\sin\left(100\pi t - \dfrac{\pi}{3}\right)$ A，分别写出该电流的电压和电流的最大值、有效值、频率、周期、角频率和初相，并写出电压和电流的相位差。

解： 电压的最大值 $U_m = 220\sqrt{2} \approx 311$ （V）　　电流的最大值 $I_m = 3\sqrt{2} \approx 4.2$ （A）

电压的有效值 $U = \dfrac{220\sqrt{2}}{\sqrt{2}} = 220$ （V）　　电流的有效值 $I = \dfrac{3\sqrt{2}}{\sqrt{2}} = 3$ （A）

角频率 $\omega = 100\pi = 314$ （rad/s）

频率 $f = \dfrac{\omega}{2\pi} = \dfrac{100\pi}{2\pi} = 50$ （Hz）

周期 $T = \dfrac{1}{f} = \dfrac{1}{50} = 0.02$ （s）

电压初相 $\varphi_u = \dfrac{\pi}{6}$，电流初相 $\varphi_i = -\dfrac{\pi}{3}$。

电压与电流的相位差 $\Delta\varphi = \varphi_u - \varphi_i = \dfrac{\pi}{6} - \left(-\dfrac{\pi}{3}\right) = \dfrac{\pi}{2}$。

综上所述，一个正弦交流电可用三个特征量来确定，最大值反映了正弦量大小的变化范围，角频率反映了正弦量变化的快慢，初相位反映了正弦量的初始状态。因此，通常把最大值、角频率和初相位称为正弦交流电的三要素。

1.3 正弦交流电的表达形式

正弦交流电的表达形式有解析法、波形图法、旋转矢量法三种。

1.3.1 解析法

解析法是用正弦函数来表示交流电的方法，其一般表示形式为

$$e = E_m\sin(\omega t + \varphi_e)$$
$$u = U_m\sin(\omega t + \varphi_u)$$
$$i = I_m\sin(\omega t + \varphi_i)$$

从解析式中可以得到交流电的最大值（E_m、U_m、I_m），角频率（ω）和初相位（φ_e、φ_u、φ_i）。

1.3.2 波形图法

波形图法是用正弦函数图像来表示交流电的方法，如图 3-7 所示。从波形图中可以看

出交流电的最大值（U_m）、周期（T）和初相位（φ_0）。

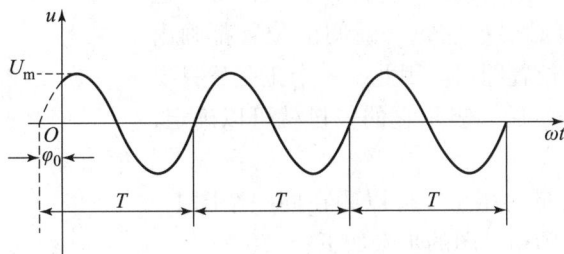

图 3 - 7　正弦交流电的波形图

1.3.3　旋转矢量法

前面两种表达形式不便于运算，为此我们采用旋转矢量法。旋转矢量法是用一个在直角坐标系中绕原点做逆时针方向旋转的矢量来表示正弦交流电的方法，如图 3 - 8 所示。

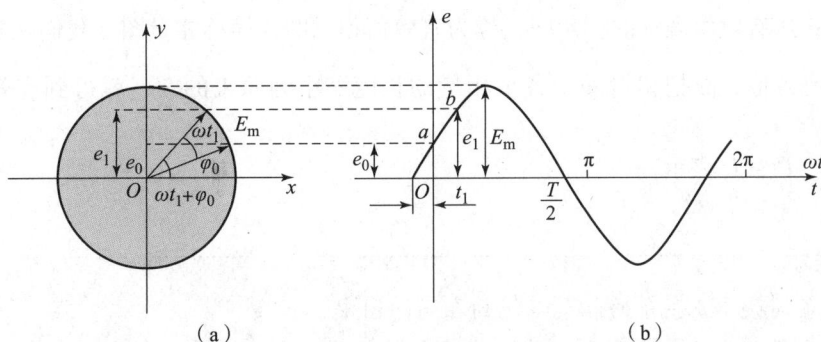

图 3 - 8　旋转矢量法表示原理

（a）矢量图；（b）波形图

以 $e = E_m \sin(\omega t + \varphi_0)$ 为例，在平面直角坐标系中，从原点作一矢量，使其长度等于正弦交流电动势的最大值 E_m，矢量与横轴 Ox 正方向的夹角等于正弦交流电动势的初相位 φ_0，矢量以角速度 ω 逆时针方向旋转，在任一时刻与横轴 Ox 正方向的夹角就是正弦交流电动势的相位 $\omega t + \varphi_0$，在纵轴上的投影对应正弦交流电动势的瞬时值。

例如，当 $t = 0$ 时，旋转矢量在纵轴上的投影为 e_0，相当于图 3 - 8（b）中电动势波形的 a 点；当 $t = t_1$ 时，矢量与横轴的夹角为 $\omega t_1 + \varphi_0$，此时矢量在纵轴上的投影为 e_1，相当于图 3 - 8（b）中电动势波形的 b 点；矢量继续旋转就可得到电动势 e 的波形图。

> **知识链接**
>
> 交流电本身并不是矢量，因为它们是时间的正弦函数，所以能用旋转矢量的形式来描述它们。为了与速度、力等一般的空间矢量相区别，我们把表示正弦交流电的这一矢量称为相量，旋转矢量法又称为相量法，并用大写字母上加黑点的符号来表示，如 $\dot{E}_m$、$\dot{U}_m$、$\dot{I}_m$ 分别表示电动势、电压和电流最大值相量。

通过以上分析可知，正弦量可以用一个旋转矢量来表示。矢量以角速度 ω 沿逆时针方向旋转。显然，对于这样的矢量不可能也没有必要把它每一瞬间的位置都画出来，只要画出它的起始位置即可。因此，一个正弦量只要它的最大值和初相位确定后，表示它的矢量就可以确定，如图 3－9 所示。

同频率的几个正弦量的相量，可以画在同一个图上，这样的图称为相量图。画相量图的步骤如下：

（1）画一横轴表示水平正方向。

（2）相量与横轴的夹角表示初相位。根据初相位的正负确定相量的方向；若初相位为正，则相量在横轴上方；若初相位为负，则相量在横轴下方。

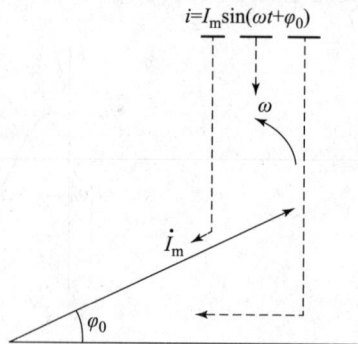

图 3－9　正弦交流电的矢量表示

（3）相量的长度表示正弦交流电的最大值或有效值。用最大值表示的相量图，称为最大值相量图；用有效值表示的相量图，称为有效值相量图，简称相量图。我们在实际问题中遇到的都是有效值，故把相量图中各个相量的长度缩小到原来的 $\frac{1}{\sqrt{2}}$，就得到有效值，有效值相量用 $\dot{E}$、$\dot{U}$、$\dot{I}$ 表示。

小提示

（1）不同频率正弦量的相量不能画在同一图中。

（2）相量只是用来表示正弦量，而不等于正弦量，它只是分析和计算交流电路的一种方法。

边学边练

例：有三个同频率的正弦量为 $e = 80\sin(\omega t + 60°)$ V、$u = 40\sin(\omega t + 30°)$ V、$i = 80\sin(\omega t - 30°)$ A，请绘制它们的最大值相量图。

解：根据相量图的绘制步骤绘制结果如图 3－10 所示。

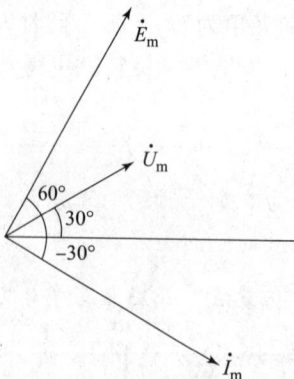

图 3－10　电动势、电压、电流相量图

问题与讨论

从相量图中能不能看出各正弦量的相位关系？

用相量表示的加、减运算可以按平行四边形法则进行运算。

边学边练

例：已知，$i_1 = 10\sqrt{2}\sin(314t + 60°)$ A，$i_2 = 10\sqrt{2}\sin(314t - 60°)$ A，求 $i = i_1 + i_2$ 的瞬时表达式。

解：首先画出 i_1 和 i_2 的相量图，然后按平行四边形法则画出合相量 i，如图 3 – 11 所示。

由相量图求得：$I = I_1 = I_2 = 10$ A，$\varphi_i = 0$

则　　　　　$i = i_1 + i_2 = 10\sqrt{2}\sin 314t$ A

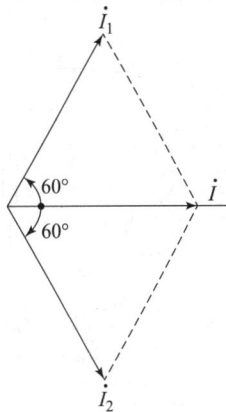

图 3 – 11　相量图

小提示

在计算两个同频率正弦量相减（如 $i = i_1 - i_2$）时，只要把 i_2 的相量旋转 180° 后，再用平行四边形法则来计算即可，即 $i = i_1 - i_2 = i_1 + (-i_2)$。

由以上分析可知，相量法在计算和决定几个同频率交流电之和或差时，比解析法和波形图法要简单得多，而且比较直观。同时，在相量图中各相量之间的相位关系一目了然，故它是研究交流电的重要工具之一。

任务2　分析单一参数元件正弦交流电路

由负载和交流电源组成的电路称为交流电路。电阻、电感和电容是正弦交流电路中三大基本元件，由电阻、电感和电容单个元件组成的正弦交流电路，是最简单的交流电路，这种电路称为单一参数元件电路或称为纯参数元件电路。复杂交流电路可以看成是由若干个单一参数元件电路组成的，因此分析单一参数元件电路的特性尤为重要。下面我们将分别对电阻、电感和电容元件的电压、电流关系及能量关系进行讨论分析。

2.1　纯电阻电路

只含有电阻元件的交流电路称为纯电阻电路，如图 3 – 12（a）所示。由白炽灯、电烙铁、电阻器等组成的交流电路都可看成是纯电阻电路。当外加电压一定时，纯电阻电路中影响电流大小的主要因素是电阻 R。

2.1.1　电压与电流的关系

1. 相位关系

设电流 $i = I_m\sin(\omega t + \varphi_i)$，对于纯电阻元件，在任一时刻，加在电阻 R 两端的电压 u 与

通过的电流 i 满足欧姆定律，即

$$u = Ri = RI_m \sin(\omega t + \varphi_i) = U_m \sin(\omega t + \varphi_i) \tag{3 - 10}$$

式（3 – 10）表明，在纯电阻电路中，电压 u 与电流 i 是同频率、同相位的正弦量。它们的相量图如图 3 – 12（c）所示。

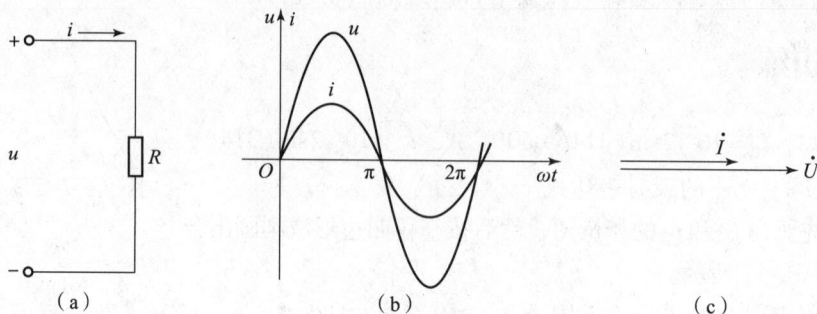

图 3 – 12　纯电阻正弦电路

（a）电路图；（b）电压和电流波形图；（c）电压和电流相量图

2. 数量关系

由式（3 – 10）可知：最大值

$$U_m = RI_m \quad 或 \quad I_m = \frac{U_m}{R} \tag{3 - 11}$$

若把式（3 – 11）两端同除以 $\sqrt{2}$，则得有效值

$$U = RI \quad 或 \quad I = \frac{U}{R} \tag{3 - 12}$$

小提示

在纯电阻的交流电路中，电流与电压的瞬时值、最大值、有效值都符合欧姆定律。

2.1.2　电阻电路的功率

1. 瞬时功率

在交流电路中，电压和电流都是瞬时变化的。在任一瞬间电压与电流瞬时值的乘积称为瞬时功率，用 p 表示，即

$$p = ui$$

以电流为正弦参考量 $i = I_m \sin\omega t$，则电阻两端的电压为

$$u = U_m \sin\omega t$$

瞬时功率为

$$p = ui = U_m \sin(\omega t) \cdot I_m \sin\omega t = U_m I_m \sin^2 \omega t = UI(1 - \cos 2\omega t) \tag{3 - 13}$$

由式（3 – 13）可知 $p \geq 0$，即电阻元件从电源吸收功率。从能量转换角度看，电阻元件吸收电能，转化为内能（热能）而消耗掉，因而电阻是耗能元件。

2. 平均功率（有功功率）

瞬时功率不是一个恒定值，在工程上，常用平均功率表示电阻消耗功率的大小。瞬时功率在一个周期内的积分称为平均功率，又称有功功率，用大写字母 P 表示，即

$$P = \frac{1}{T}\int_0^T p\mathrm{d}t = \frac{1}{T}\int_0^T UI(1-\cos2\omega t)\mathrm{d}t = UI = I^2R = \frac{U^2}{R} \qquad (3-14)$$

有功功率的单位为瓦特（W），简称瓦。常用单位还有千瓦（kW）和毫瓦（mW），它们之间的换算关系为

$$1\ \mathrm{kW} = 10^3\ \mathrm{W} = 10^6\ \mathrm{mW}$$

小提示

平时所说的 40 W 灯泡、30 W 电烙铁等都是指有功功率。

边学边练

例： 将一个阻值为 55 Ω 的电阻丝，接到电压 $u = 311\sin(100\pi t - 60°)$ V 的电源上，通过电阻丝的电流是多少？写出电流的解析式，并画出电流和电压的相量图。

解： 由电源电压 $u = 311\sin(100\pi t - 60°)$ V 可知 $U_\mathrm{m} = 311$ V

电阻两端的电压有效值为

$$U = \frac{U_\mathrm{m}}{\sqrt{2}} = \frac{314}{1.414} \approx 220\ （\mathrm{V}）$$

通过电阻丝的电流有效值为

$$I = \frac{U}{R} = \frac{220}{55} = 4\ （\mathrm{A}）$$

通过电阻丝的电流最大值为

$$I_\mathrm{m} = \sqrt{2}I = 4\sqrt{2}\ （\mathrm{A}）$$

由于电压与电流同相，电流的解析式为

$$i = 4\sqrt{2}\sin(100\pi t - 60°)\ \mathrm{A}$$

其电流和电压的相量图如图 3-13 所示。

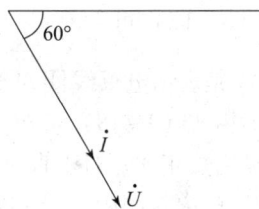

图 3-13 电流和电压的相量图

2.2 纯电感电路

任何电感线圈都含有一定的电阻，由于其电阻较小，通常忽略不计或将电感线圈的电阻集中起来，视电感线圈为电阻元件与电感元件串联。忽略电阻的电感线圈，称为纯电感。由纯电感组成的交流电路称为纯电感电路，如图 3-14 所示。

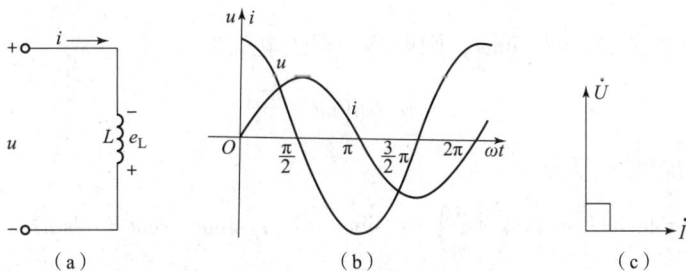

图 3-14 纯电感正弦电路

（a）电路图；（b）电压和电流波形图；（c）电压和电流相量图

2.2.1　电压与电流的关系

1. 相位关系

设电流 $i = I_m \sin(\omega t + \varphi_i)$，则电感元件上的电压电流瞬时值关系为

$$u = L \frac{di}{dt} = L \frac{dI_m \sin(\omega t + \varphi_i)}{dt} = \omega L I_m \cos(\omega t + \varphi_i)$$

$$= \omega L I_m \sin\left(\omega t + \varphi_i + \frac{\pi}{2}\right) = U_m \sin(\omega t + \varphi_u) \qquad (3-15)$$

显然 $\varphi_u = \varphi_i + \dfrac{\pi}{2}$，因此在纯电感电路中，电压 u 与电流 i 的频率相同，但在相位上电压超前电流 $\dfrac{\pi}{2}$。它们的相量图如图 3-14（c）所示。

2. 数量关系

由式（3-15）可知：最大值

$$U_m = \omega L I_m \text{ 或 } I_m = \frac{U_m}{\omega L} \qquad (3-16)$$

若把式（3-16）两端同除以 $\sqrt{2}$，则得有效值

$$U = \omega L I \text{ 或 } I = \frac{U}{\omega L} \qquad (3-17)$$

令

$$X_L = \omega L = 2\pi f L \qquad (3-18)$$

则式（3-17）可表示为

$$U = X_L I \text{ 或 } I = \frac{U}{X_L} \qquad (3-19)$$

X_L 是表示电感线圈对交流电流阻碍作用大小的一个物理量，称为感抗，单位为欧姆（Ω）。由式（3-18）可知，当 L 一定时，频率 f 越大，感抗 X_L 越大；频率 f 越小，感抗 X_L 越小，两者成正比。对于直流电来说，由于频率 f 为零，则感抗 X_L 也为零，即电感在直流电路中相当于短路。因此，电感有"通直流、阻交流"和"通低频、阻高频"的特性。

✎ 小提示

感抗 X_L 只等于电感元件上电压与电流的最大值或有效值之比，不等于它们的瞬时值之比，这是因为 u 和 i 相位不同，而且感抗只对于正弦电流才有意义。

2.2.2　电感电路的功率

1. 瞬时功率

以电流为正弦参考量 $i = I_m \sin \omega t$，则电感两端的电压为

$$u = U_m \sin\left(\omega t + \frac{\pi}{2}\right)$$

则纯电感电路中的瞬时功率为

$$p = ui = U_m \sin\left(\omega t + \frac{\pi}{2}\right) \cdot I_m \sin \omega t = U_m I_m \sin \omega t \cos \omega t = UI \sin 2\omega t \qquad (3-20)$$

由式（3-20）可知电感元件的瞬时功率既可以为正，也可以为负。$p > 0$，电感元件相当于负载，从电源吸收功率，将电能转换为磁场能储存起来；$p < 0$，电感元件又将储存的磁

场能释放出来,转换成电能。

2. 平均功率(有功功率)

纯电感元件的平均功率为

$$P = \frac{1}{T}\int_0^T p\mathrm{d}t = \frac{1}{T}\int_0^T UI\sin2\omega t\,\mathrm{d}t = 0 \qquad (3-21)$$

以上结果表明,在一个周期内,电感元件吸收的能量与释放的能量相等,即电感元件本身不消耗电能,只是不断地与电源进行能量的交换,因而电感元件是一个储能元件。

3. 无功功率

电感元件虽不消耗功率,但与电源之间有能量交换,占用电源设备的容量。为了衡量这种能量交换的速度,我们引入无功功率,它是瞬时功率的最大值,用大写字母 Q 表示,为了与有功功率相区别,无功功率的单位为乏(var)或千乏(kvar),其数学表达式为

$$Q = UI = I^2X_L = \frac{U^2}{X_L} \qquad (3-22)$$

小提示

"无功"的含义是"交换"而不是"消耗",它是相对"有功"而言的,不能理解为"无用"。无功功率在生产实践中占有很重要的地位,具有电感性质的变压器、电动机等设备都是靠电磁转换工作的。

边学边练

例: 某阻值可忽略的电感线圈,其电感 $L = 100$ mH,把它接到电压 $u = 220\sqrt{2}\sin(314t - 60°)$ V 的电源上,试

(1)求线圈的感抗 X_L;

(2)求电流的解析式;

(3)求无功功率 Q;

(4)画出电流和电压的相量图。

解:(1)感抗 $X_L = \omega L = 314 \times 0.1 = 31.4$(Ω)。

(2)由电源电压 $u = 220\sqrt{2}\sin(314t - 60°)$ V 可知 $U = 220$ V

通过电感的电流有效值为 $I = \dfrac{U}{X_L} = \dfrac{220}{31.4} \approx 7$(A)

通过电感的电流最大值为 $I_m = \sqrt{2}I = 7\sqrt{2}$(A)

由于纯电感电路中,电压超前电流90°,即 $\varphi_u = \varphi_i + 90°$,故

$$\varphi_i = \varphi_u - 90° = -60° - 90° = -150°$$

电流的解析式为

$$i = 7\sqrt{2}\sin(314t - 150°) \text{ A}$$

(3)无功功率 $Q = UI = 220 \times 7 = 1\,540$(var)。

(4)其电流和电压的相量图如图 3-15 所示。

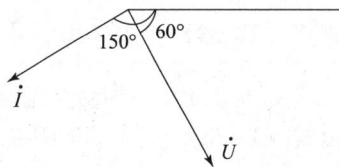

图 3-15 电流和电压的相量图

2.3 纯电容电路

在交流电路中，如果只用电容器作负载，而且电容器的绝对电阻很大，介质的损耗可以忽略，那么这个电路就称为纯电容电路，如图 3 – 16（a）所示。

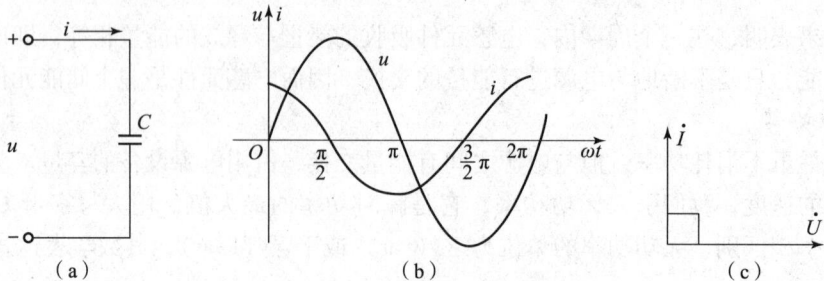

图 3 – 16　纯电容正弦电路

（a）电路图；（b）电压和电流波形图；（c）电压和电流相量图

2.3.1　电压与电流的关系

1. 相位关系

在纯电容电路中，设加在电容器 C 两端的电压为 $u = U_m \sin(\omega t + \varphi_u)$，则电容元件上的电压电流瞬时值关系为

$$i = C\frac{\mathrm{d}u}{\mathrm{d}t} = C\frac{\mathrm{d}U_m\sin(\omega t + \varphi_u)}{\mathrm{d}t} = \omega C U_m\cos(\omega t + \varphi_u)$$

$$= \omega C U_m\sin\left(\omega t + \varphi_u + \frac{\pi}{2}\right) = I_m\sin(\omega t + \varphi_i) \qquad (3 – 23)$$

显然 $\varphi_i = \varphi_u + \dfrac{\pi}{2}$，因此在纯电容电路中，电流 i 与电压 u 的频率相同，但在相位上电流超前电压 $\dfrac{\pi}{2}$。它们的相量图如图 3 – 16（c）所示。

2. 数量关系

由式（3 – 23）可知：

最大值 $\qquad\qquad\qquad I_m = \omega C U_m$ 或 $U_m = \dfrac{I_m}{\omega C}$ $\qquad\qquad\qquad (3 – 24)$

若把式（3 – 24）两端同除以 $\sqrt{2}$，则得

有效值 $\qquad\qquad\qquad I = \omega C U$ 或 $U = \dfrac{I}{\omega C}$ $\qquad\qquad\qquad (3 – 25)$

令 $\qquad\qquad\qquad X_C = \dfrac{1}{\omega C} = \dfrac{1}{2\pi f C}$ $\qquad\qquad\qquad (3 – 26)$

则式（3 – 25）可表示为 $\qquad I = \dfrac{U}{X_C}$ 或 $U = I X_C$ $\qquad\qquad\qquad (3 – 27)$

X_C 是表示电容器对交流电流阻碍作用大小的一个物理量，称为容抗，单位为欧姆（Ω）。由式（3 – 26）可知，当 C 一定时，频率 f 越大，容抗 X_C 越小；频率 f 越小，容抗 X_C 越大，两者成反比。对于直流电来说，由于频率 f 为零，则容抗 $X_C = \infty$，即电容器在直流电路中相当于断路。因此，电容器有"通交流、阻直流"和"通高频、阻低频"的特性。

2.3.2　电容电路的功率

1. 瞬时功率

以电压为正弦参考量 $u = U_m\sin\omega t$，则电容两端的电流为

$$i = I_m\sin\left(\omega t + \frac{\pi}{2}\right)$$

纯电容电路中的瞬时功率为

$$p = ui = U_m\sin\omega t \cdot I_m\sin\left(\omega t + \frac{\pi}{2}\right) = U_mI_m\sin\omega t\cos\omega t = UI\sin2\omega t \tag{3-28}$$

由式（3-28）可知电容元件的瞬时功率既可以为正，也可以为负。$p>0$，电容元件相当于负载，从电源吸收功率，将电能转换为电场能储存起来；$p<0$，电容元件将储存的电场能释放出来，转换成电能。

2. 平均功率（有功功率）

纯电容元件的平均功率为

$$P = \frac{1}{T}\int_0^T p\mathrm{d}t = \frac{1}{T}\int_0^T UI\sin2\omega t\mathrm{d}t = 0 \tag{3-29}$$

以上结果表明，在一个周期内，电容元件吸收的能量与释放的能量相等，即电容元件本身不消耗电能，只是不断地与电源进行能量的交换，因而电容元件也是一个储能元件。

3. 无功功率

与电感元件一样，电容元件与电源之间能量交换的速度用无功功率来衡量。

$$Q = UI = I^2X_C = \frac{U^2}{X_C} \tag{3-30}$$

边学边练

例：若把一个电容量 $C = 10\ \mu F$ 的电容器，接到电压 $u = 220\sqrt{2}\sin(314t-60°)$ V 的电源上，试

（1）求电容的容抗 X_C；

（2）求电流的解析式；

（3）求无功功率 Q；

（4）画出电流和电压的相量图。

解：（1）容抗 $X_C = \dfrac{1}{\omega C} = \dfrac{1}{314\times10\times10^{-6}} = 318$（Ω）

（2）由电源电压 $u = 220\sqrt{2}\sin(314t-60°)$ V 可知 $U = 220$ V

通过电容的电流有效值为 $I = \dfrac{U}{X_C} = \dfrac{220}{318} \approx 0.7$（A）

通过电容的电流最大值为 $I_m = \sqrt{2}I = 0.7\sqrt{2}$（A）

由于纯电容电路中，电流超前电压90°，即 $\varphi_i = \varphi_u + 90°$，故

$$\varphi_i = \varphi_u + 90° = -60° + 90° = 30°$$

电流的解析式为 $i = 0.7\sqrt{2}\sin(314t+30°)$ A

（3）无功功率 $Q = UI = 220\times0.7 = 154$（var）

（4）其电流和电压的相量图如图 3 - 17 所示。

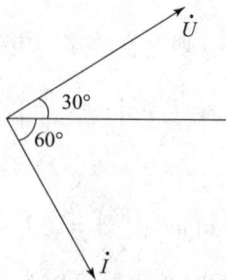

图 3 - 17　电流和电压的相量图

任务3　分析日光灯电路

当线圈的电阻不能忽略时，就构成了由电阻 R 和电感 L 串联的交流电路，简称 RL 串联电路。工厂里常见的电动机、变压器和日常生活中的日光灯等都可以看成是一个电阻与电感串联的电路。

本任务要进行分析的日光灯电路中，灯管视为电阻，镇流器视为一个有电阻的电感元件，将镇流器的电阻与灯管的电阻合为一个总电阻 R，镇流器就可视为无电阻的电感元件，其电路图可简化为图 3 - 18（b），故日光灯电路经简化后为 RL 串联电路。

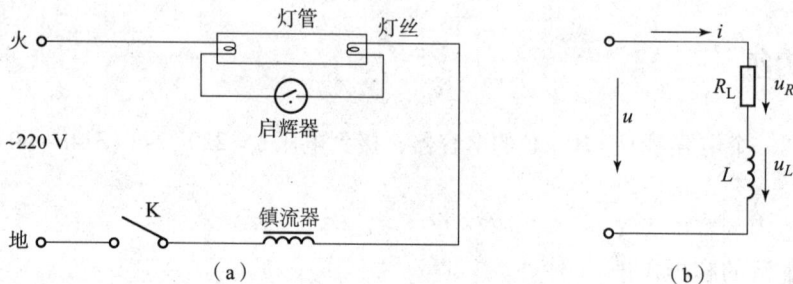

图 3 - 18　日光灯电路

（a）日光灯工作原理；（b）简化后电路图

3.1　电压与电流关系

3.1.1　相位关系

由于纯电阻电路中电压与电流同相，纯电感电路中电压的相位超前电流 $\dfrac{\pi}{2}$，又因为串联电路中电流处处相等，所以 RL 串联电路各电压间相位不相同，电流与总电压的相位也不相同。

以正弦电流为参考正弦值，即

$$i = I_{m}\sin\omega t$$

则电阻两端电压为

$$u_R = U_{Rm}\sin\omega t$$

电感线圈两端的电压为

$$u_L = U_{Lm}\sin\left(\omega t + \frac{\pi}{2}\right)$$

电路的总电压 u 为

$$u = u_L + u_R$$

作出电流和电压的相量图，如图 3-19 所示。U、U_L、U_R 构成直角三角形，可以得到电压间的数量关系为

$$U = \sqrt{U_L^2 + U_R^2} \qquad\qquad (3-31)$$

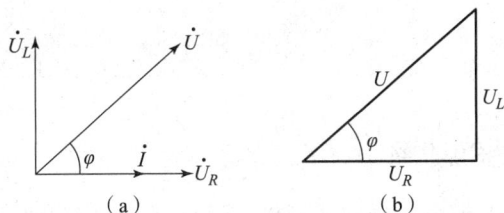

图 3-19　RL 串联电路相量图和电压三角形

（a）相量图；（b）电压三角形

总电压的相位超前电流

$$\varphi = \arctan\frac{U_L}{U_R} \qquad\qquad (3-32)$$

从电压三角形中，还可以得到总电压和各部分电压之间的关系

$$U_R = U\cos\varphi \qquad\qquad (3-33)$$

$$U_L = U\sin\varphi \qquad\qquad (3-34)$$

3.1.2　数量关系

由于在纯电阻电路中 $U_R = IR$，在纯电感电路中 $U_L = IX_L$，则在 RL 串联电路中，由式（3-31）可得

$$U = \sqrt{U_R^2 + U_L^2} = \sqrt{(IR)^2 + (IX_L)^2} = I\sqrt{R^2 + X_L^2}$$

即

$$I = \frac{U}{\sqrt{R^2 + X_L^2}}$$

令 $Z = \sqrt{R^2 + X_L^2}$，则在 RL 串联电路中，电流与电压的数量关系为

$$I = \frac{U}{Z} \qquad\qquad (3-35)$$

式（3-35）表明，在 RL 串联电路中，电流与电压的关系也符合欧姆定律。Z 称为电路的阻抗，它表示电阻和电感串联电路对交流电的总阻碍作用，单位为欧姆（Ω）。

由 $Z = \sqrt{R^2 + X_L^2}$ 可见，电阻 R、感抗 X_L 和阻抗 Z 三者之间也构成一个与图 3-19（b）相似的三角形，如图 3-20 所示，称为阻抗三角形，其夹角为

$$\varphi = \arctan\frac{X_L}{R} \qquad\qquad (3-36)$$

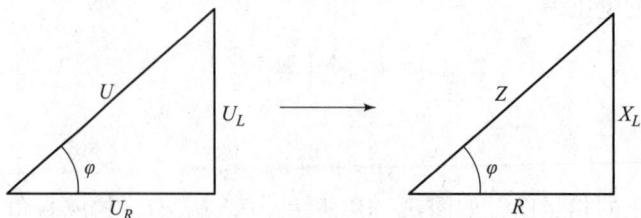

图 3-20　阻抗三角形

小提示

电压三角形是相量三角形，而阻抗三角形则不是相量三角形。

3.2　*RL* 串联电路的功率

由于电阻是耗能元件，而电感是储能元件，因此在 *RL* 串联电路中既有有功功率，又有无功功率。

3.2.1　有功功率

在 *RL* 串联电路中，电阻是耗能元件，所以电阻消耗的功率为有功功率，即

$$P = U_R I = I^2 R = \frac{U_R^2}{R}$$

由图 3-19（b）可知，$U_R = U\cos\varphi$，则

$$P = U_R I = IU\cos\varphi \tag{3-37}$$

3.2.2　无功功率

在 *RL* 串联电路中，电感是储能元件，只与电源做能量的交换，所以电感所消耗的功率为无功功率，即

$$Q = U_L I = I^2 X_L = \frac{U_L^2}{X_L}$$

由图 3-19（b）可知，$U_L = U\sin\varphi$，则

$$Q = U_L I = IU\sin\varphi \tag{3-38}$$

3.2.3　视在功率

视在功率定义为输出的总电流与总电压有效值的乘积，用 S 表示，单位为伏·安（V·A）或千伏·安（kV·A），即

$$S = IU = I\sqrt{U_L^2 + U_R^2} = \sqrt{(IU_L)^2 + (IU_R)^2}$$
$$= \sqrt{Q^2 + P^2} \tag{3-39}$$

视在功率代表电源所能提供的功率。许多电气设备（如变压器）是按照一定的额定电压和额定电流来设计，所以通常用视在功率来表示设备的容量。

有功功率、无功功率与视在功率三者之间的关系也构成一个三角形，称为功率三角形，如图 3-21 所示，功率三角形也不是相量三角形，但与电压三角形、阻抗

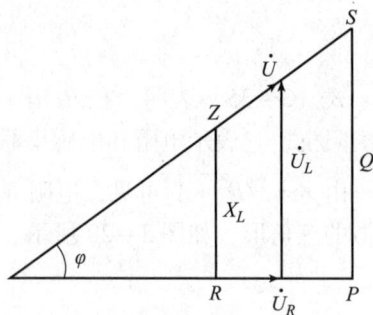

图 3-21　功率三角形

三角形相似。

3.2.4　功率因数

由功率三角形可知，电源提供的功率不能被感性负载完全吸收。为了反映电源的利用率，我们常把有功功率与视在功率的比值称为电路的功率因数，用 λ 表示，即

$$\lambda = \cos\varphi = \frac{P}{S} = \frac{R}{Z} = \frac{U_R}{U} \qquad (3-40)$$

由式（3-40）可知，在电源提供的功率为定值时，电路的功率因数越大，则电路的有功功率就越大，两者成正比，即电源所发出的电能转换为热能或机械能就越多，而电源与电感或电容之间相互交换的能量就越少，电源的利用率就越高。由式（3-37）可知，在同一电压下，要输送同一功率，功率因数越大，则线路中电流越小，即线路中的损失也越小。因此在电力工程上，力求电路的功率因数接近于 1。

目前常采用以下两种方法提高电路的功率因数：

（1）提高自然功率因数，避免大马拉小车，即合理选用电动机，不要用大容量的电动机来带动小功率负载。另外，尽量不要让电动机空载。

（2）在感性负载两端并联适当的电容器。

问题与讨论

为什么在感性负载两端并联电容器可以提高功率因数？

3.3　日光灯电路分析与计算

本项目案例中的日光灯接到 220 V 的工频交流电上，根据前面的学习可知该交流电有效值 $U = 220$ V，频率 $f = 50$ Hz，则该项目的电流、电压和功率分析如下：

由本项目案例引入已知条件和图 3-18 可知，在日光灯的 RL 串联电路中，将镇流器的电阻与灯管电阻组合成一个总电阻，即

$$R = R_1 + R_L = 280 + 20 = 300 \ (\Omega)$$

镇流器的感抗

$$X_l = \omega L = 2\pi f L = 2 \times 3.14 \times 50 \times 1.275 \approx 400 \ (\Omega)$$

电路的总阻抗

$$Z = \sqrt{R^2 + X_L^2} = \sqrt{300^2 + 400^2} = 500 \ (\Omega)$$

电路的总电流

$$I = \frac{U}{Z} = \frac{220}{500} = 0.44 \ (A)$$

由此可得，灯管两端的电压

$$U_R = IR_1 = 0.44 \times 280 = 123.2 \ (V)$$

要计算镇流器两端的电压，需要将镇流器单独看作一个 RL 串联电路，因此镇流器的阻抗为

$$Z_L = \sqrt{R_L^2 + X_L^2} = \sqrt{20^2 + 400^2} = 400.5 \ (\Omega)$$

由此可得，镇流器两端电压

$$U_L = I Z_L = 0.44 \times 400.5 = 176 \ (\text{V})$$

该电路的功率中电阻的功率为有功功率，电感的功率为无功功率，分别计算如下：

有功功率

$$P = I^2 R = 0.44^2 \times 300 = 58.08 \ (\text{W})$$

无功功率

$$Q = I^2 X_L = 0.44^2 \times 400 = 77.44 \ (\text{var})$$

整个电路的视在功率

$$S = IU = 0.44 \times 220 = 96.8 \ (\text{V} \cdot \text{A})$$

其功率因数

$$\lambda = \cos\varphi = \frac{R}{Z} = \frac{300}{500} = 0.6$$

项目自测

一、填空题

1. 交流电的三要素是指 _____、_____、_____。

2. 我国的供电电源频率（工频）$f =$ _____ Hz，其周期 $T =$ _____ s，角频率 $\omega =$ _____ rad/s。

3. 正弦交流电的三种常用的表示方法是 _____、_____、_____。

4. 交流电压 $u = 220\sqrt{2}\sin(314t + 60°)$ V，则该交流电压的最大值 $U_m =$ ____ V，频率 $f =$ ____ Hz，初相位 $\varphi_0 =$ _____，用电压表测量该交流电压时，$U =$ _____ V。

5. 单相正弦交流电 $U = 220$ V，$I = 5$ A，$f = 50$ Hz，$\varphi_u = -30°$，$\varphi_i = 45°$，则电压解析式 $u =$ _____ V，电流解析式 $i =$ _____ A，电压与电流之间的相位差 $\varphi =$ _____，_____ 比 _____ 滞后 _____。

6. 两个同频率正弦交流电 i_1、i_2 的有效值各为 4 A 和 3 A。当 $i_1 + i_2$ 的有效值为 7 A 时，i_1 与 i_2 的相位差是 _____；当 $i_1 + i_2$ 的有效值为 1 A 时，i_1 与 i_2 的相位差是 _____；当 $i_1 + i_2$ 的有效值为 5 A 时，i_1 与 i_2 的相位差是 _____。

7. 将 $C = 200/\pi \ \mu\text{F}$ 的电容接入 $f = 100$ kHz 的交流电路，容抗 $X_C =$ _____ Ω；将 $L = 5$ mH 的线圈接入 $f = 100$ kHz 的交流电路，感抗 $X_L =$ _____ Ω。

8. 已知电路中的电流 $i = 10\sqrt{2}\sin(314t + 30°)$ A，写出电路的电压表达式：在纯电阻电路中（$R = 20$ Ω），$u_R =$ _____ V；在纯电感电路中（$L = 0.05$ H），$u_L =$ _____ V；在纯电容电路中（$C = 5\ 000 \ \mu\text{F}$），$u_C =$ _____ V。

9. 将一个电感线圈接在 6 V 的直流电源上，通过的电流为 0.4 A，改接在 50 Hz、6 V 的交流电源上，电流为 0.3 A，此线圈的电阻为 _____，电感为 _____。

10. 在工厂中使用的电动机很多，电感 L 很大，则可采用 _____ 提高功率因数。

二、判断题

1. 大小随时间做周期性变化但方向不改变的电流也是交流电流。 （   ）

2. 正弦交流电的最大值是随时间变化的。 （   ）

3. 交流电的有效值是最大值的二分之一。 （ ）

4. 正弦交流电的有效值指交流电在变化过程中所能达到的最大值。 （ ）

5. 用交流电压表测得某一元件两端电压是 6 V，则该元件电压的最大值为 6 V。 （ ）

6. 正弦量的相位表示交流电变化过程的一个角度，它和时间无关。 （ ）

7. 两个频率相同的正弦交流电的相位之差为常数。 （ ）

8. 只有同频率的正弦量才能在同一矢量图上表示并用矢量进行计算。 （ ）

9. 只有同频率的正弦量才能讨论它们的相位关系。 （ ）

10. 电阻元件上电压、电流的初相位都一定是零，所以它们是同相的。 （ ）

11. 电感元件在直流电路中不呈现感抗，是因为此时电感量为零。 （ ）

12. 在纯电感正弦交流电路中，电流相位滞后于电压 90°。 （ ）

13. 在正弦交流电路中，感抗与频率成正比，即电感具有通低频阻高频的特性。 （ ）

14. 连接在交流电路中的线圈，当交流电压的最大值保持不变时，若交流电的频率越高，通过线圈中的电流就越大。 （ ）

15. 电容元件在直流电路中相当于开路，是因为此时容抗为无穷大。 （ ）

16. 无功功率是平均不做功，即平均功率为零，所以是无用功率。 （ ）

17. 在 RL 串联的交流电路中，阻抗三角形、电压三角形、功率三角形是相似三角形。 （ ）

18. 提高电路的功率因数就是提高负载本身的功率因数。 （ ）

19. 对两个电路进行测量，如果电压表、电流表的读数均相等，则此两个电路的有功功率、无功功率及视在功率也一定相等。 （ ）

20. 在供电线路中，经常用电容器对电感电路的无功功率进行补偿。 （ ）

三、选择题

1. 正弦量的三要素是指 （ ）。

A. 最大值、角频率、初相位　　　　　　B. 周期、频率、角频率

C. 最大值、有效值、频率　　　　　　　D. 最大值、周期、频率

2. 用电表测量正弦交流电路和电压或电流，在表盘上指示的数值是 （ ）。

A. 最大值　　　B. 瞬时值　　　C. 有效值　　　D. 任意值

3. 已知正弦电压 $u_1 = 100\sqrt{2}\sin(314t+60°)$ V，$u_2 = 100\sqrt{2}\sin(314t-150°)$ V，则 u_1 超前 u_2 （ ）。

A. $-90°$　　　B. $210°$　　　C. $-150°$　　　D. $-120°$

4. 两个电阻 R_1 和 R_2 串联，接入电压为 $u = 100\sqrt{2}\sin314t$ V 的电源上，用电压表测量 R_1 上的电压为 80 V，则 R_2 上的电压为 （ ） V。

A. 80　　　B. 20　　　C. 180　　　D. 100

5. 已知一正弦交流电流 $I = 10$ A 作用于感抗为 10 Ω 的电感上，则无功功率为 （ ） var。

A. 100　　　B. 1 000　　　C. 1　　　D. 10

6. 在纯电感交流电路中，下列说法正确的是 （ ）。

A. 电流超前电压 90°　　　　　　B. 电流滞后电压 90°

C. $I_L = \dfrac{U_{Lm}}{X_L}$　　　　　　D. 消耗的功率为有功功率

7. 在纯电容正弦交流电路中，下列关系式正确的是（　　　）。

A. $i = \dfrac{u}{X_C}$ 　　　　B. $I = \dfrac{U_m}{X_C}$ 　　　　C. $I = \dfrac{U}{X_C}$ 　　　　D. $I = \dfrac{u}{X_C}$

8. 一个纯电阻与一个纯电感相串联，测得电阻的电压为 40 V，电感电压为 30 V，则串联电路的总电压为（　　　）。

A. 50 V 　　　　B. 60 V 　　　　C. 70 V 　　　　D. 80 V

9. 交流电路中有功功率的单位是（　　　），无功功率的单位是（　　　），视在功率的单位是（　　　）。

A. W 　　　　B. var 　　　　C. V·A 　　　　D. Ω

10. 已知某单相交流电路的视在功率为 10 kV·A，无功功率为 8 kvar，则该电路的功率因数为（　　　）。

A. 0. 4 　　　　B. 0. 5 　　　　C. 0. 6 　　　　D. 0. 8

四、计算题

1. 在纯电感电路中，$U = 220$ V，$f = 50$ Hz，线圈中的 $L = 0.01$ H，试求：

（1）感抗 X_L；（2）电流 I_L；（3）有功功率 P；（4）无功功率 Q。

2. 在纯电容电路中，$U = 220$ V，$f = 50$ Hz，线圈中的 $C = 20$ μF，试求：

（1）容抗 X_C；（2）电流 I_C；（3）有功功率 P；（4）无功功率 Q。

3. 有一个具有电阻的电感线圈，当把它接在直流电路中时，测得线圈中通过的电流为 8 A，线圈两端的电压为 48 V。当把它接在频率 $f = 50$ Hz 的交流电路中时，测得线圈通过的电流为 12 A，线圈两端的电压为 12 V。试求出线圈的电阻和电感。

4. 电阻与电感串联电路 $R = 3$ Ω，$X_L = 4$ Ω，交流电路的电压 $u = 50\sqrt{2}\sin 314t$ V，求：

（1）电路电流的有效值 I；

（2）电路的有功功率 P、无功功率 Q、视在功率 S；

（3）电路的功率因数 $\cos\varphi$。

项 目 四

三相正弦交流电路设计

📋 项目导读

开关、插座、电灯、电动机等是在我们日常生活和工业生产中应用非常广泛的电气设备，这些电气设备与电力部门提供的三相电源是如何进行连接以保证正常运行的呢？在本项目中，我们将在前面学习的单相正弦交流电基础上学习三相正弦交流电，对它的电路分析跟单相正弦交流电一样吗？我们常说的火线、零线是指什么？如何用验电笔测出供电线路上的火线和零线？

📋 案例引入

电工小王接到单位的工作任务，要求为新建厂房设计电路，该电路中要接入 60 个照明电灯，10 个三相异步电动机，其中照明灯额定电压为 220 V，功率为 50 W；电动机的额定电压为 380 V，每相的电阻为 30 Ω，电感为 127 mH。请帮小工完成设计任务，并分析电路电流、电压和功率。

📋 项目目标

（1）了解三相正弦交流电的产生、特点；
（2）理解三相正弦交流电的表示方法及相序的意义；
（3）掌握三相交流电源的连接方式及三相负载的连接方式；
（4）掌握对称三相电路中相电压与线电压、相电流与线电流的关系；
（5）理解三相正弦交流电路功率的计算。

任务1 认识三相正弦交流电

1.1 三相交流电源的产生与特点

1.1.1 三相交流电源的产生

工业生产广泛采用三相交流电路，日常生活中应用的单相正弦交流电路也取自三相交流电路。三相交流电源就是指三个单相正弦交流电源按一定的方式组合而成的电源，它由三相发电机产生的，如图4-1（a）所示，是最简单的三相交流发电机的结构示意图，它主要由定子和转子两部分组成。发电机的定子中嵌有三相电枢绕组，每相绕组结构完全相同，在空间位置上相互间隔120°，分别称为U相、V相、W相绕组，绕组的始端标以U1、V1、W1，对应的末端标以U2、V2、W2，如图4-1（b）所示。转子是一对磁极的电磁铁，它以角速度ω匀速旋转时，将在三相绕组中分别感应出最大值相等、频率相同、相位上彼此相差120°的三个正弦电动势e_U、e_V、e_W，称为对称三相电动势。电动势的参考方向选定为由绕组的末端指向始端，如图4-1（c）所示。

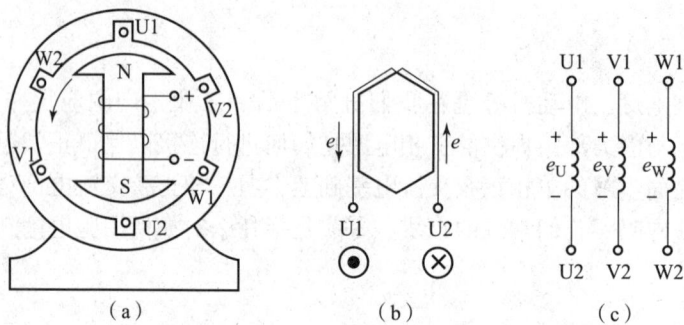

图4-1 三相交流发电机

（a）三相交流发电机结构示意图；（b）定子绕组；（c）对称三相定子绕组及电动势

1.1.2 三相交流电源的优点

三相交流电与前面讨论的单相交流电相比，具有下列优点：

（1）制造三相发电机和变压器比制造同容量的单相交流发电机和单相变压器省材料。

（2）在输电距离、输送功率、输电等级、负载的功率因数、输电损失及输电线材都相同的条件下，用三相输电更省输电线材，经济效益明显。

（3）三相电流能产生旋转磁场，从而能制成结构简单、性能良好的三相异步电动机。

1.2 三相对称电动势的表示法

若以三相对称电动势中的U相为参考正弦量，则三相对称电动势的解析式为

$$\left.\begin{aligned} e_U &= E_m\sin\omega t \\ e_V &= E_m\sin(\omega t - 120°) \\ e_W &= E_m\sin(\omega t - 240°) = E_m\sin(\omega t + 120°) \end{aligned}\right\} \quad (4-1)$$

其波形图和相量图如图 4-2 (a) 和图 4-2 (b) 所示。

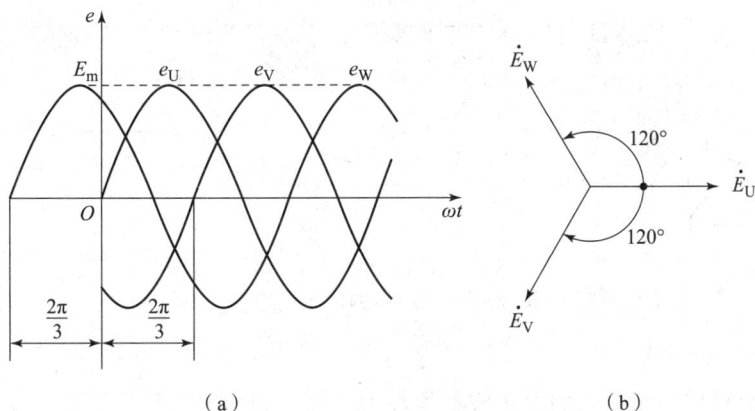

（a）   （b）

图 4-2 三相对称电动势的波形图和相量图

（a）波形图；（b）相量图

从图 4-2 中可知，三相对称电动势在任一瞬间的代数和为零，即

$$e_U + e_V + e_W = 0 \ \text{或} \ \dot{E}_U + \dot{E}_V + \dot{E}_W = 0 \qquad (4-2)$$

由三相对称电动势的波形图可知，三相电动势达到最大值的时间是不同的，通常把三相电动势依次达到正向最大值的顺序称为相序。若相序为 U—V—W—U，则称为正序或顺序，如图 4-2 所示；若相序为 V—U—W—V，则称为负序或逆序。工程上通用的相序是正序。

为使电力系统能够安全可靠地运行，我们通常统一规定相序的技术标准。一般配电盘上用黄色标出 U 相，用绿色标出 V 相，用红色标出 W 相。

1.3 三相交流电源的连接

三相发电机的三相绕组有 6 个端子，实际应用中不是把 6 个端子单独与负载连接，而是按照一定的连接方式向外送电，其连接方法有两种：星形（Y）连接和三角形（△）连接。

1.3.1 电源的星形连接

将三相电源绕组的末端 U2、V2、W2 连接在一起成为一个公共点 N，始端 U1、V1、W1 作为与外电路连接的端点，这种连接方式称为星形（Y）连接，如图 4-3 (a) 所示。其中从始端 U1、V1、W1 引出的三根线称为相线或端线，俗称火线；N 点称为中性点，简称中点，从中性点引出的输电线称为中性线，一般以黑色或淡蓝色表示。低压供电系统的中性点是直接接地的，把接大地的中性点称为零点，而把接地的中性线称为零线。

根据 GB 4728.11—2008 规定，三根相线和中性线分别用符号 L1、L2、L3 和 N 表示，如图 4-3 (b) 所示，有时为了简便，常把图 4-3 (a) 画成图 4-3 (b) 的形式。

由三根相线和一根中性线所组成的输电方式称为三相四线制（通常在低压配电中采用）；只有三根相线所组成的输电方式称为三相三线制（通常在高压输电工程或三相电动机供电中采用）。我们日常生活所用到的单相供电线路，其实是其中的一相电路，一般由一根相线和一根中性线组成。

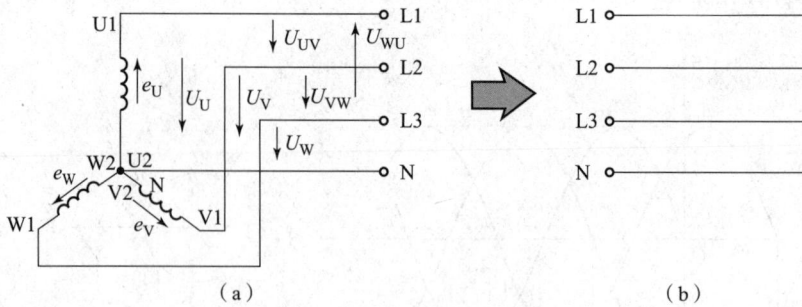

图 4-3 三相电源的星形连接

(a) 星形连接；(b) 简化图

每相绕组始端与末端之间的电压或相线与中性线之间的电压称为相电压，相电压的有效值用 U_U、U_V、U_W 或符号 U_P 表示，其参考方向规定为始端指向末端。因为三个电动势的最大值相等、频率相同、相位相差 120°，所以三个相电压的最大值也相等，频率也相同，相互之间的相位差也均为 120°，即三相电压是对称的。

任意两相始端之间的电压或相线与相线之间的电压称为线电压，线电压的有效值用 U_{UV}、U_{VW}、U_{WU} 或符号 U_L 表示，规定线电压的参考方向是自第一个下标指向第二个下标，如 U_{UV} 的方向为自 U 相指向 V 相。

根据基尔霍夫电压定律可知：

$$\left.\begin{array}{l} \dot{U}_{UV} = \dot{U}_U - \dot{U}_V \\ \dot{U}_{VW} = \dot{U}_V - \dot{U}_W \\ \dot{U}_{WU} = \dot{U}_W - \dot{U}_U \end{array}\right\} \qquad (4-3)$$

作出相电压的相量图，然后根据 $\dot{U}_U$、$\dot{U}_V$、$\dot{U}_W$ 和式（4-3）分别作出线电压的相量 $\dot{U}_{UV}$、$\dot{U}_{VW}$、$\dot{U}_{WU}$，如图 4-4 所示。从图 4-4 中可以看出：当相电压对称时，线电压也对称；在相位上线电压超前对应的相电压 30°；线电压的有效值是相电压的有效值的 $\sqrt{3}$ 倍，即

$$U_L = \sqrt{3} U_P \qquad (4-4)$$

在低压配电系统中，我们利用这个特点，通过三相四线制线路可以提供相电压和线电压两种电压。照明、家用电器等民用所需要的 220 V 电压，是取自三相供电线路的相电压 U_P，而对于三相电动机，则可根据需要取用三相电源的线电压 $U_L = \sqrt{3} U_P = \sqrt{3} \times 220 \approx 380$（V）。

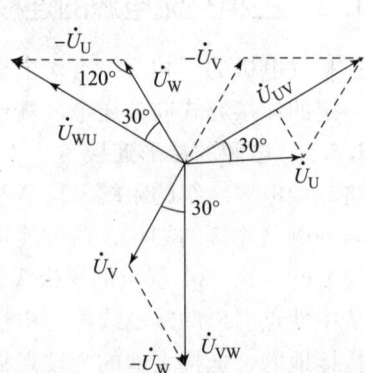

图 4-4 三相电源星形连接的电压相量图

高压电路的电压值，一般是指线路的线电压。例如 10 kV 线路，其线路的线电压为 10 kV。

1.3.2 电源的三角形连接

将三相电源绕组的始末端依次连接，再由三个连接点引出三根端线向外供电，这种连接方式就称为三角形（△）连接，如图 4-5 所示。

由图 4-5 可知，三相电源做三角形连接时，线电压与相电压相等，即

$$U_{\mathrm{L}} = U_{\mathrm{P}} \qquad (4-5)$$

若三相电动势为对称三相正弦电动势，则根据基尔霍夫电压定律可知，三角形闭合回路的总电动势为零，即

$$e_{\mathrm{U}} + e_{\mathrm{V}} + e_{\mathrm{W}} = 0 \ \text{或} \ \dot{E}_{\mathrm{U}} + \dot{E}_{\mathrm{V}} + \dot{E}_{\mathrm{W}} = 0 \qquad (4-6)$$

图 4-5　三相电源的三角形连接

由式（4-6）可知，发电机三相绕组接成三角形，要求三相电动势绝对对称，绕组回路不得产生环流，否则将烧毁发电机，这是不易做到的，所以实际上三相发电机绕组一般不采用三角形连接，但供电系统中的三相变压器绕组有时采用三角形连接。

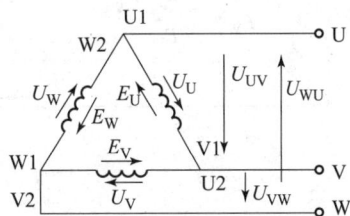

任务2　分析三相负载的连接

凡接到三相电源上的负载都称为三相负载。在实际应用中，三相负载分为两类：一类是必须使用三相电源的负载（如三相交流电动机、三相变压器等），这些三相负载每一相的阻抗都是完全相同的，所以称为"三相对称负载"；另一类是使用单相电源的负载（如各种日用电器和照明设备等），这类负载按照尽量使三相均衡的原则接入三相电源，但是三相负载的阻抗不可能做到完全相同，所以称为"三相不对称负载"。

三相负载的连接方式也有星形（Y）连接和三角形（△）连接两种方式。下面分别进行讨论。

2.1 三相负载的星形连接

将三相负载的一端连接在一起和电源中性线相连，另一端分别和相线相连，形成负载星形连接的三相四线制电路，如图 4-6 所示。

2.1.1 相电压和线电压

从图 4-6 可知，各相负载的相电压（即各相负载两端的电压）等于电源的相电压，三相负载的线电压等于电源的线电压，因此

$$U_{\mathrm{L}} = \sqrt{3} U_{\mathrm{P}} \qquad (4-7)$$

2.1.2 相电流和线电流

三相电路中，流过每相负载的电流称为相电流，相电流的有效值用 I_{u}、I_{v}、I_{w} 表示，统

一记为 I_P，其方向与相电压方向一致；流过每根相线的电流称为线电流，线电流的有效值用 I_U、I_V、I_W 表示，统一记为 I_L，其方向由电源流向负载；流过中性线的电流称为中性线电流，用符号 I_N 表示，其方向由负载的中点流向电源的中点。

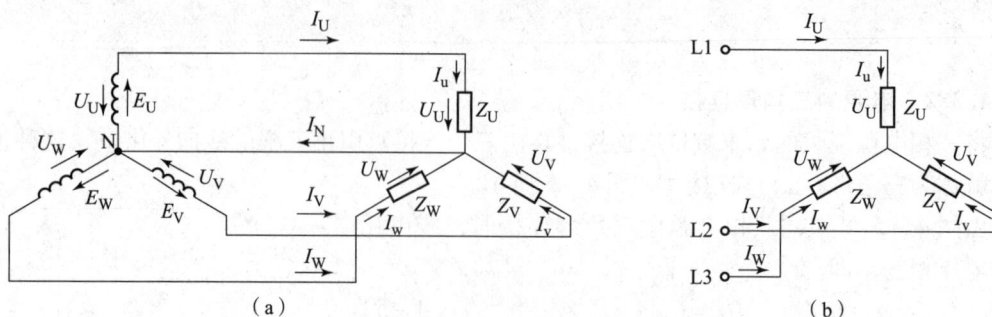

图 4-6 三相负载的星形连接

（a）三相四线制；（b）三相三线制

由图 4-6 可知，三相负载星形连接时，电源的线电流等于负载的相电流，即

$$I_L = I_P \tag{4-8}$$

三相电路中的每一相负载相当于单相电路，所以各相电流与电压间的相位关系及数量关系都可用讨论单相电路的方法来讨论。

假设某相负载阻抗为 Z_P，则相电流为

$$I_P = \frac{U_P}{Z_P} \tag{4-9}$$

由图 4-6 可知，根据基尔霍夫电流定律，可得

$$\dot{I}_N = \dot{I}_u + \dot{I}_v + \dot{I}_w \tag{4-10}$$

1. 三相对称负载

若三相负载对称，则在三相对称电压作用下，流过三相对称负载中每相负载的电流皆相等，每相电流间的相位差仍为 $120°$，其相量如图 4-7 所示。

由图 4-7 可知，$\dot{I}_N = \dot{I}_u + \dot{I}_v + \dot{I}_w = 0$，即三相负载对称时，中性线电流为零，因此取消中性线也不会影响三相电路的工作，这时三相四线制就变成了三相三线制，如图 4-6（b）所示。如三相异步电动机及三相电炉等负载，当采用星形连接时，电源对该类负载就不需接中性线。通常在高压输电时，由于三相负载都是对称的三相变压器，所以都采用三相三线制供电。

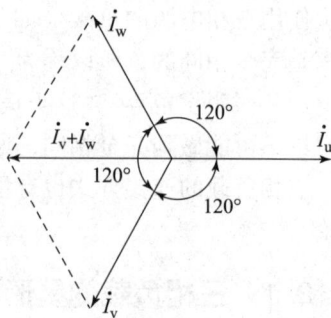

图 4-7 三相对称负载的
三相电流相量图

🔄 **边学边练**

例：有一台三相电动机采用星形连接，接到线电压为 380 V 的三相电源上，已知电动机每相绕组的电阻为 60 Ω，感抗为 80 Ω，试求负载的相电压、相电流和线电流。

解：已知 $U_L = 380$ V，$R = 60$ Ω，$X_L = 80$ Ω

由 $Z = \sqrt{R^2 + X_L^2}$ 可知

$$Z = \sqrt{R^2 + X_L^2} = \sqrt{60^2 + 80^2} = 100 \ (\Omega)$$

在星形连接的三相对称负载中，$U_L = \sqrt{3}U_P$，$I_L = I_P$，故

$$U_P = \frac{U_L}{\sqrt{3}} = \frac{380}{\sqrt{3}} \approx 220 \ (V)$$

由 $I_P = \frac{U_P}{Z_P}$，故

$$I_L = I_P = \frac{U_P}{Z_P} = \frac{220}{100} = 2.2 \ (A)$$

2. 三相不对称负载

实际上，许多用电负载都是单相负载，尽管在设计与安装时，尽可能将这些单相负载均衡地分配在各相电源上，如图 4-8 所示，但因为各相负载的使用情况不可能完全一致（例如各相负载的使用时间不一致，还可能接上临时性的负载等），所以常见的还是三相不对称负载，各相电流的大小不相等，相位差也不一定是 120°，中性线中有电流通过，此时中性线是不能省去的，而必须采用三相四线制供电。

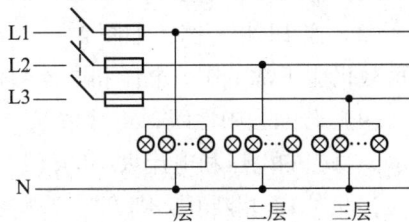

图 4-8 三相照明电路的星形连接

边学边练

例：在图 4-9 所示的三相四线制系统中，每相接入一组灯泡，其等效电阻 $R = 400 \ \Omega$，若线电压为 380 V，试计算：

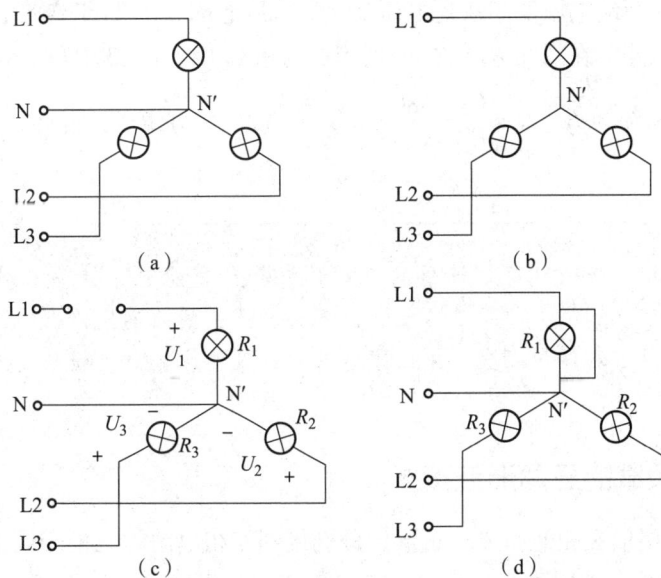

(a)

(b)

(c)

(d)

图 4-9 三相四线制照明电路

（1）各相负载的电压和电流的大小；

（2）如果 L1 相断开时，其他两相负载的电压和电流的大小；

（3）如果 L1 相短路时，其他两相负载的电压和电流的大小；

（4）若除去中性线，重新计算（1）、（2）、（3）。

解：（1）在正常情况下，如图 4-9（a）所示。对称三相负载，三相的电压和电流都是对称的，只需任求一相即可，由式（4-7）、式（4-9）可知

电压为
$$U_P = \frac{U_L}{\sqrt{3}} = \frac{380}{\sqrt{3}} \approx 220 \ (V)$$

电流为
$$I_P = \frac{U_P}{Z_P} = \frac{220}{400} = 0.55 \ (A)$$

（2）当 L1 断开时，如图 4-9（c）所示。L2、L3 相的负载两端电压还是保持为相电压，能正常工作，电压和电流数值同（1）；

（3）当 L1 相短路，如图 4-9（d）所示。L1 相上的保险装置使 L1 相断开，L2、L3 相上负载仍能正常工作，电压和电流数值同（1）；

（4）若除去中性线，正常情况下三相四线制系统成为三相三线制系统，如图 4-9（b）所示。每相的电压和电流大小同（1）；

若此时 L1 相断开，则 R_2、R_3 灯组串联接在 L2L3 之间，承受线电压 380 V。因 $R_2 = R_3$，故灯组承受的电压为

$$U_2 = U_3 = \frac{1}{2}U_L = \frac{380}{2} = 190 \ (V)$$

电流为

$$I_2 = I_3 = \frac{U_2}{R_2} = \frac{190}{400} = 0.475 \ (A)$$

因 R_2、R_3 灯组两端电压低于额定电压 220 V，因此 R_2、R_3 灯组变暗。

若此时 L1 相短路，在瞬间 R_2、R_3 分别接在两相 L1L2、L1L3 之间，灯组两端的电压均为 380 V，通过的电流为 $I_2 = I_3 = \frac{U_2}{R_2} = \frac{380}{400} = 0.95 \ (A)$，两灯组迅速变亮，即刻烧坏。

✎ **小提示**

中性线的作用就是保证星形连接的不对称三相负载能够保持基本对称的三相相电压。中性线不仅不能够省去，而且还要保证不会断开，因此不允许在中性线上安装开关和熔断器等短路或过流保护装置，中性线本身的强度要比较好，接头也要比较牢固。

2.2　三相负载的三角形连接

将三相负载首尾依次相连而成三角形，分别接到三相电源的三根相线上，称为三相负载的三角形（△）连接，如图 4-10 所示。三相负载三角形连接时线电压、相电压、线电流、相电流的定义和正方向的规定与星形连接时相同。

2.2.1 相电压和线电压

由于三角形连接的各相负载是接在两根相线之间，因此负载的相电压就是线电压，即

$$U_L = U_P \qquad (4-11)$$

2.2.2 相电流和线电流

假设三相电源对称，则三相相电流大小均相等，为

$$I_P = \frac{U_P}{Z_P} \qquad (4-12)$$

三相相电流有效值分别为 I_u、I_v、I_w，三相线电流有效值分别为 I_U、I_V、I_W，根据基尔霍夫电流定律，线电流与相电流的相量关系为

$$\left.\begin{array}{l} \dot{I}_U = \dot{I}_u - \dot{I}_w \\ \dot{I}_V = \dot{I}_v - \dot{I}_u \\ \dot{I}_W = \dot{I}_w - \dot{I}_v \end{array}\right\} \qquad (4-13)$$

利用平行四边形法则得到相量关系如图4-11所示。

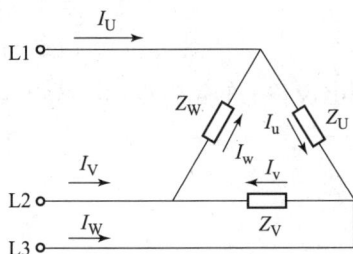

图4-10 三相负载的三角形连接 　　图4-11 三相负载三角形连接时线电流和相电流的相量图

由相量图可知，三相线电流也是对称的，线电流的相位滞后与之对应的相电流30°，线电流的有效值是相电流有效值的 $\sqrt{3}$ 倍，即

$$I_L = \sqrt{3} I_P \qquad (4-14)$$

负载做三角形连接时，若某一相出现故障，并不影响其他两相的工作，因为另两相的工作电压始终为线电压。

三相负载的连接方式根据负载的额定电压和电源电压的数值来确定，务必使每相负载所承受的电压等于其额定电压。例如，对线电压为380 V的三相电源，当每相负载的额定电压为220 V时，该三相负载应接成星形；当每相负载的额定电压为380 V时，三相负载应接成三角形。

小提示

在三相电路中，若无说明，通常所说的电压、电流是指线电压和线电流。

任务 3　计算三相负载的功率

三相交流电路的功率是指三相电路的总功率，包括有功功率、无功功率和视在功率。

在三相电路中，负载无论采用何种连接方式，总的有功功率等于各相有功功率之和，总的无功功率等于各相无功功率之和。

3.1　有功功率

设各相相电压分别为 U_U、U_V、U_W，相电流分别为 I_u、I_v、I_w，各相的功率因数分别为 $\cos\varphi_u$、$\cos\varphi_v$、$\cos\varphi_w$，则各相负载的有功功率分别为

$$P_U = I_u U_U \cos\varphi_u$$
$$P_V = I_v U_V \cos\varphi_v$$
$$P_W = I_w U_W \cos\varphi_w$$

三相负载总的有功功率为

$$P = P_U + P_V + P_W = I_u U_U \cos\varphi_u + I_v U_V \cos\varphi_v + I_w U_W \cos\varphi_w$$

若三相负载对称，则每相的有功功率相等，故有

$$P = 3P_U = 3U_P I_P \cos\varphi \qquad (4-15)$$

由于三相电路中，线电压和线电流较容易测量，三相用电设备上的铭牌也标注线电压和线电流，故式（4-15）多用线电压和线电流表示。

对于三相对称负载星形连接，有如下关系

$$U_L = \sqrt{3} U_P \qquad I_L = I_P$$

对于三相对称负载三角形连接，有如下关系

$$U_L = U_P \qquad I_L = \sqrt{3} I_P$$

分别代入式（4-15）中，均可得

$$P = \sqrt{3} I_L U_L \cos\varphi \qquad (4-16)$$

> **小提示**
>
> （1）公式中的 φ 为负载相电压与相电流之间的相位差，不是线电压与线电流之间的相位差。
>
> （2）此公式对于对称负载的星形连接和三角形连接均适用，但是同一负载在同一电源下连接时，所计算的有功功率值是不同的。
>
> （3）只有当电路的参数是常数时，有功功率 P 才是常数。

3.2　无功功率

设每相电路的无功功率分别为 Q_U、Q_V、Q_W，则三相电路无功功率为

$$Q = Q_U + Q_V + Q_W$$

若是三相对称负载，则有

$$Q = 3Q_{\text{U}} = 3I_{\text{P}}U_{\text{P}}\sin\varphi$$

同理可得

$$Q = \sqrt{3}I_{\text{L}}U_{\text{L}}\sin\varphi \qquad\qquad (4-17)$$

3.3 视在功率

三相电路的总视在功率通常用下式计算

$$S = \sqrt{P^2 + Q^2} \qquad\qquad (4-18)$$

一般情况下三相负载的视在功率不等于各相视在功率之和，只有当负载对称时，三相视在功率才等于各相视在功率之和。

三相对称负载的视在功率为

$$S = 3I_{\text{P}}U_{\text{P}} = \sqrt{3}I_{\text{L}}U_{\text{L}} \qquad\qquad (4-19)$$

边学边练

例：三相对称负载，每相负载电阻 $R = 30\ \Omega$，感抗 $X_L = 40\ \Omega$，接到线电压为 380 V 做星形连接的电源上，当负载分别做星形连接和三角形连接时，有功功率、无功功率和视在功率是多少？

解：每相负载的阻抗为

$$Z = \sqrt{R^2 + X_L^2} = \sqrt{30^2 + 40^2} = 50 \ （\Omega）$$

$$\cos\varphi = \frac{R}{Z} = \frac{30}{50} = 0.6$$

$$\sin\varphi = \frac{X_L}{Z} = \frac{40}{50} = 0.8$$

（1）三相对称负载做星形连接时，

线电压为

$$U_{\text{L}} = 380 \text{ V}$$

相电压为

$$U_{\text{P}} = \frac{U_{\text{L}}}{\sqrt{3}} = \frac{380}{\sqrt{3}} \approx 220 \ （\text{V}）$$

线电流等于相电流为

$$I_{\text{L}} = I_{\text{P}} = \frac{U_{\text{P}}}{Z} = \frac{220}{50} = 4.4 \ （\text{A}）$$

有功功率为

$$P = \sqrt{3}I_{\text{L}}U_{\text{L}}\cos\varphi = \sqrt{3} \times 4.4 \times 380 \times 0.6 \approx 1\ 737.5 \ （\text{W}）$$

无功功率为

$$Q = \sqrt{3}I_{\text{L}}U_{\text{L}}\sin\varphi = \sqrt{3} \times 4.4 \times 380 \times 0.8 \approx 2\ 316.7 \ （\text{var}）$$

视在功率为

$$S = \sqrt{3} I_L U_L = \sqrt{3} \times 4.4 \times 380 \approx 2\ 895.9 \quad (\text{V} \cdot \text{A})$$

（2）三相对称负载做三角形连接时，

线电压等于相电压为

$$U_L = U_P = 380 \text{ V}$$

相电流为

$$I_P = \frac{U_P}{Z} = \frac{380}{50} = 7.6 \quad (\text{A})$$

线电流为

$$I_L = \sqrt{3} I_P = \sqrt{3} \times 7.6 = 13.2 \quad (\text{A})$$

有功功率为

$$P = \sqrt{3} I_L U_L \cos\varphi = \sqrt{3} \times 13.2 \times 380 \times 0.6 \approx 5\ 212.6 \quad (\text{W})$$

无功功率为

$$Q = \sqrt{3} I_L U_L \sin\varphi = \sqrt{3} \times 13.2 \times 380 \times 0.8 \approx 6\ 950.2 \quad (\text{var})$$

视在功率为

$$S = \sqrt{3} I_L U_L = \sqrt{3} \times 13.2 \times 380 \approx 8\ 687.7 \quad (\text{V} \cdot \text{A})$$

小提示

在电源电压不变时，同一负载由星形连接改为三角形连接时，功率增加到原来的三倍。若要负载正常工作，则负载的连接必须是正确的。若正常工作是星形连接的负载，误接成三角形时，将因功率过大而烧毁；若正常工作是三角形连接的负载，误接成星形时，则会因功率过小而不能正常工作。

3.4 电路设计与分析

3.4.1 电路设计

根据工作任务要求，所接的负载需要两种额定电压，因此电源须采用星形连接的三相四线制。

由于照明电灯为单相负载，连接时须将这些单相负载均衡地分配在各相电源上，因此将60盏照明电灯每20个一组分别接入 U、V、W 三相。

电动机为三相对称负载，额定电压为 380 V，须采用三角形连接接入 U、V、W 三相。

设计的电路图如图 4-12 所示。

3.4.2 电路分析

该电路中的电灯为纯电阻，其消耗的功率为有功功率，即

$$P_1 = 60 P_{灯} = 60 \times 50 = 3\ 000 \quad (\text{W})$$

电动机为电感性负载，其感抗为

$$X_L = \omega L = 2\pi f L = 2 \times 3.14 \times 50 \times 0.127 = 40 \quad (\Omega)$$

阻抗为

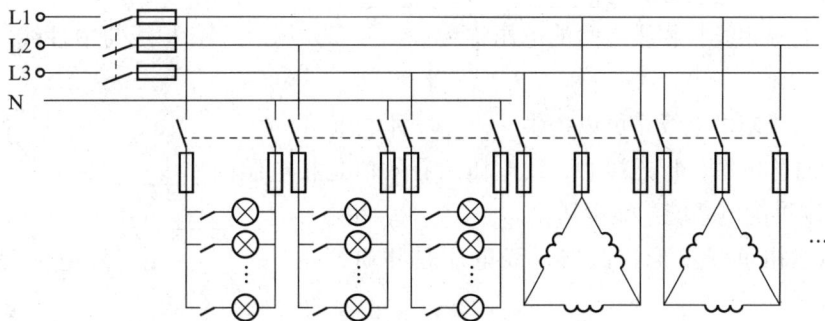

图 4 – 12 电路图

$$Z = \sqrt{R^2 + X_L^2} = \sqrt{30^2 + 40^2} = 50 \ (\Omega)$$

$$\cos\varphi = \frac{R}{Z} = \frac{30}{50} = 0.6$$

$$\sin\varphi = \frac{X_L}{Z} = \frac{40}{50} = 0.8$$

由于电动机做三角形连接

线电压等于相电压为

$$U_L = U_P = 380 \text{ V}$$

相电流为

$$I_P = \frac{U_P}{Z} = \frac{380}{50} = 7.6 \ (A)$$

线电流为

$$I_L = \sqrt{3}I_P = \sqrt{3} \times 7.6 = 13.2 \ (A)$$

有功功率为

$$P_2 = \sqrt{3}I_L U_L \cos\varphi = \sqrt{3} \times 13.2 \times 380 \times 0.6 \approx 5\,212.6 \ (W)$$

无功功率为

$$Q = \sqrt{3}I_L U_L \sin\varphi = \sqrt{3} \times 13.2 \times 380 \times 0.8 \approx 6\,950.2 \ (var)$$

电路总的有功功率为

$$P = P_1 + P_2 = 3\,000 + 5\,212.6 = 8\,212.6 \ (W)$$

电路的视在功率为

$$S = \sqrt{P^2 + Q^2} = \sqrt{8\,212.6^2 + 6\,950.2^2} = 10\,758.814 \ (V \cdot A) \approx 10.76 \ (kV \cdot A)$$

项目自测

一、填空题

1. 三相对称的交流电动势是指三个交流电动势频率_____，最大值_____，在相位上_____。

2. 三相电源的连接方式有_____和_____。

3. 三相电源相线与相线之间的电压称为_____。相线与中性线之间的电压称为_____。

4. 三相四线制供电线路可以提供_____种电压。

5. 三相对称电源星形连接时，线电压的有效值是相电压的_____倍。目前，我国低压三相四线制供配电系统中线电压是_____V，相电压是_____V。

6. 对称三相负载星形连接时，线电压是相电压的_____倍，线电流是相电流的_____倍。

7. 对称三相负载三角形连接时，线电压是相电压的_____倍，线电流是相电流的_____倍。

8. 对称三相电路星形连接，若相电压为 $u = 220\sqrt{2}\sin(314t - 60°)$ V，则线电压为_____V。

9. 对称三相电路的有功功率 $P = \sqrt{3}I_L U_L\cos\varphi$，其中，$\varphi$ 角为_____与_____的夹角。

10. 三相负载的额定电压为 220 V，当电源的额定线电压为 380 V 时，应将三相负载接成_____；当电源的额定线电压为 220 V 时，应将三相负载接成_____。

二、判断题

1. 中线的作用就是使不对称丫接负载的端电压保持对称。 （ ）

2. 三相电路的有功功率，在任何情况下都可以用二瓦计法进行测量。 （ ）

3. 三相负载做三角形连接时，总有 $I_L = \sqrt{3}I_P$ 成立。 （ ）

4. 负载做星形连接时，必有线电流等于相电流。 （ ）

5. 采用三相四线制供电，做星形连接的三相负载不论对称或不对称，中性线上的电流均为零，因此中性线实际上可以省去。 （ ）

6. 三相不对称负载越接近对称，中线上通过的电流就越小。 （ ）

7. 中线不允许断开，因此不能安装熔断丝和开关，并且中线截面比火线粗。 （ ）

8. 三相电源电压对称，做星形连接的三相负载也对称时，中性线上的电流为零。 （ ）

9. 三相不对称负载的总功率 $P = \sqrt{3}I_L U_L\cos\varphi$。 （ ）

10. 负载不对称的三相负载电路，负载端的相电压、线电压、相电流和线电流均不对称。 （ ）

三、选择题

1. 三相对称电路是指 （ ）。

A. 三相电源对称的电路　　　　　　B. 三相负载对称的电路

C. 三相电源和三相负载均对称的电路　D. 三相电源和三相负载均不对称的电路

2. 三相对称负载星形连接，其线电压在数值上为相电压的 （ ）倍。

A. 3　　　　　B. $\sqrt{3}$　　　　　C. $\sqrt{2}$　　　　　D. 1

3. 在同样的线电压下，负载三角形连接所消耗的功率是星形连接的 （ ）倍。

A. 3　　　　　　　　B. $\sqrt{3}$　　　　　　　C. $\sqrt{2}$　　　　　　　D. 1

4. 对称三相交流电路，三相负载为星形连接，当电源电压不变而负载换为三角形连接时，三相负载的相电流应（　　）。

　A. 增大　　　　　　B. 减小　　　　　　C. 不变　　　　　　D. 不确定

5. 下列结论中错误的是（　　）。

　A. 当负载做丫连接时，必须有中线

　B. 当三相负载越接近对称时，中线电流就越小

　C. 当负载做丫连接时，线电流必等于相电流

　D. 当负载做△连接时，线电流为相电流的$\sqrt{3}$倍

6. 对称三相交流电路中，三相负载为△连接，当电源电压不变，而负载变为丫连接时，对称三相负载所吸收的功率（　　）。

　A. 增大　　　　　　B. 减小　　　　　　C. 不变　　　　　　D. 不确定

7. 在负载为星形连接的对称三相电路中，各线电流与相应的相电流的关系是（　　）。

　A. 大小、相位都相等

　B. 大小相等、线电流超前相应的相电流

　C. 线电流大小为相电流大小的$\sqrt{3}$倍、线电流超前相应的相电流

　D. 线电流大小为相电流大小的$\sqrt{3}$倍、线电流滞后相应的相电流

8. 在电源对称的三相四线制电路中，若三相负载不对称，则该负载各相电压（　　）。

　A. 不对称　　　　　B. 仍然对称　　　　　C. 不一定对称　　　　　D. 一定不对称

9. 某三相电路中 U，V，W 三相的有功功率分别为 P_U，P_V，P_W，则该三相电路总有功功率 P 为（　　）。

　A. $P_U + P_V + P_W$　　　　　　　　　B. $\sqrt{P_U^2 + P_V^2 + P_W^2}$

　C. $\sqrt{P_U + P_V + P_W}$　　　　　　　D. $\sqrt{P_U^3 + P_V^3 + P_W^3}$

10. 下面关于三相正弦电路的功率说法错误的是（　　）。

　A. 三相电路的功率等于各相功率之和

　B. 三相负载对称时，三相有功功率等于一相有功功率的 3 倍

　C. 视在功率等于有功功率与无功功率之和

　D. 有功功率、无功功率和视在功率，遵循三角形法则

四、计算题

1. 一台三相交流电动机，定子绕组星形连接于线电压为 380 V 的对称三相电源上，其线电流 $I_L = 2.2$ A，$\cos\varphi = 0.8$，试求每相绕组的阻抗 Z。

2. 如题图 1-1 所示的三相四线制电路，三相负载连接成星形，已知电源线电压 380 V，负载电阻 $R_a = 11\ \Omega$，$R_b = R_c = 22\ \Omega$，试求：

（1）负载的各相电压、相电流、线电流和三相总功率；

（2）中线断开，A 相短路时的各相电流和线电流；

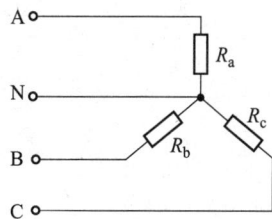

题图 1-1

（3）中线断开，A 相断开时的各线电流和相电流。

3. 三相对称负载三角形连接，其线电流 $I_L = 5.5$ A，有功功率 $P = 7\ 760$ W，功率因数 $\cos\varphi = 0.8$，求电源的线电压 U_L、电路的无功功率 Q 和每相阻抗 Z。

4. 三相对称负载，每相负载电阻 $R = 10$ Ω，感抗 $X_L = 10$ Ω，接在线电压为 380 V 的对称三相电源上，负载分别做星形连接和三角形连接，求负载的有功功率。

项目五

机床电气控制电路

项目导读

数控机床是典型的机械、液压、电气一体化协同控制的通用设备，如图 5 - 1 所示机床电气控制系统主要由电动机主电路和控制电路组成，控制电路在按钮等动作下通过继电器－接触器来控制电动机，实现弱电对强电的自动化控制。由于继电器－接触器技术是机床电气控制电路的原理和基础，并且仍被较多地应用，所以本项目从机床电气控制电路入手，分析其器件组成和控制原理，以培养对机床控制电路分析能力，并为下一步学习应用 PLC 打下良好基础。

图 5 - 1　数控机床设备

案例引入

异步电动机或其他电气设备电路的接通或断开，目前普遍采用继电器、接触器、按钮及开关等控制电器来组成控制系统。这种控制系统一般称为继电器－接触器控制系统。

要弄清一个控制电路的原理，必须了解其中各个电气元件的结构、动作原理以及它们的控制作用。通过分析机床电气控制系统的基本环节和基本电路原理，用继电器－接触器系统来控制异步电动机动作，实现弱电对强电的自动化控制，完成工程要求。

（1）了解三相异步电动机的结构，理解三相异步电动机的工作原理；

（2）理解旋转磁场的产生、电动机转动原理以及转差率；

（3）掌握三相异步电动机的启动、调速与制动；

（4）掌握常用的低压电器的符号、结构、工作原理以及在电路中的作用；

（5）掌握三相异步电动机的启动控制电路；

（6）掌握三相异步电动机的正反转控制电路。

任务1 认识三相异步电动机

三相异步电动机又称为感应电动机，是目前国民经济生活中使用最广泛的一种电动机。有关统计资料表明，在电力拖动系统中，交流异步电动机大约占85%的比重。三相异步电动机之所以被广泛应用，主要是因为它与其他各种电动机相比较，具有结构简单、价格便宜、运行可靠、坚固耐用等优点。

1.1 三相异步电动机的结构

三相异步电动机的两个基本组成部分为定子（固定部分）和转子（旋转部分）。此外还有端盖、风扇等附属部分，如图5-2所示。

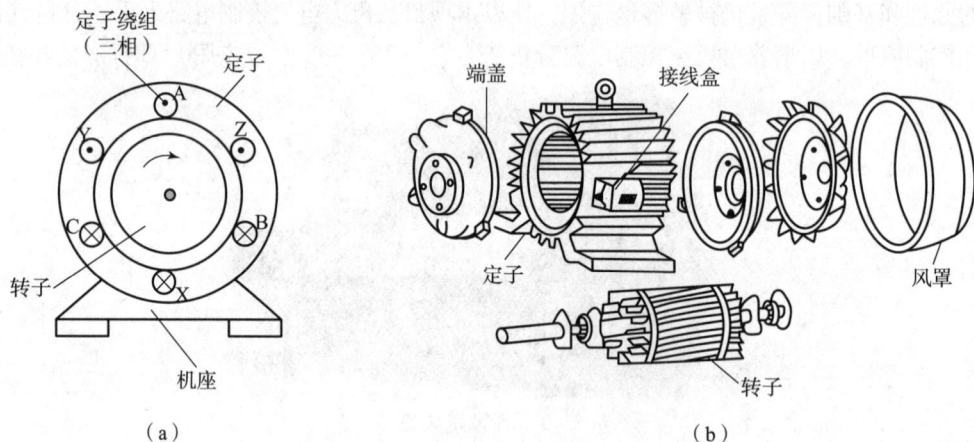

图5-2 电动机结构示意图

（a）三相电动机的结构示意图；（b）三相笼式异步电动机结构

1.1.1 定子

三相异步电动机的定子由三部分组成，见表5-1。

1.1.2 转子

三相异步电动机的转子由三部分组成，见表5-2。

表5-1 三相异步电动机的定子组成

定子	定子铁芯	定子铁芯是电动机工作磁通的主要通路，一般由厚度为 0.5 mm 的、相互绝缘的硅钢片叠成，以减小交流磁通所引起的涡流损耗。在定子铁芯硅钢片的内圆上冲有均匀分布的槽口，其作用是嵌放定子三相绕组 AX、BY、CZ
	定子绕组	中、小型电动机一般采用高强度漆包线（铜线或铝线）绕制，由对称的三相绕组组成。三相绕组按照一定的规律依次嵌放在定子铁芯的槽口内，并与铁芯之间夹以绝缘层。定子绕组一般可接成星形或三角形
	机座	机座用铸铁或铸钢制成，其作用是固定铁芯和绕组

表5-2 三相异步电动机的转子组成

转子	转子铁芯	由厚度为 0.5 mm 的、相互绝缘的硅钢片叠成，硅钢片外圆上有均匀分布的槽，其作用是嵌放转子三相绕组
	转子绕组	转子绕组有两种形式： 鼠笼式——鼠笼式异步电动机； 绕线式——绕线式异步电动机
	转轴	转轴上加机械负载

🖊 小提示

鼠笼式电动机由于构造简单、价格低廉、工作可靠、使用方便，成了生产上应用最广泛的一种电动机。绕线式电动机结构比较复杂，成本比鼠笼式电动机高，但它有比较好的启动性能和调速性能，一般多用在具有特殊要求的场合。

为了保证转子能够自由旋转，在定子与转子之间必须留有一定的空气隙，中小型电动机的空气隙为 0.2~1.0 mm。

1.2 三相异步电动机的工作原理

1.2.1 基本原理

为了说明三相异步电动机的工作原理，我们做如下演示实验，如图5-3所示。

1. 演示实验

在装有手柄的蹄形磁铁的两极间放置一个闭合导体，当转动手柄带动蹄形磁铁 N、S 极旋转时，将发现导体也跟着旋转；若改变磁铁的转向，则导体的转向也跟着改变。

2. 现象解释

当磁铁旋转时，磁铁与闭合的导体发生相对运动，闭合导体切割磁力线而在其内部产生感应电动

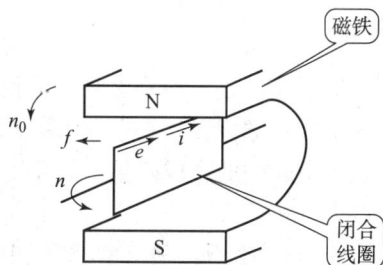

图5-3 三相异步电动机工作原理示意图

势和感应电流。感应电流又使导体受到电磁力的作用,于是导体就沿磁铁的旋转方向转动起来,这就是异步电动机的基本原理。其中转子转动的方向和磁极旋转的方向相同。

3. 工作原理

磁铁旋转⇨切割转子导体⇨感应电动势和感生电流⇨感生电流与磁场作用⇨产生电磁转矩⇨旋转。

1.2.2 旋转磁场

1. 旋转磁场的产生

异步电动机是利用旋转磁场来工作的。欲使异步电动机旋转,必须有旋转的磁场和闭合的转子绕组。如图 5 – 4 所示,最简单的三相定子绕组 AX、BY、CZ,它们在空间按互差 120°的规律对称排列。现将三相绕组接成星形与三相对称交流电源 U、V、W 相连,则三相定子绕组便通过三相对称电流。

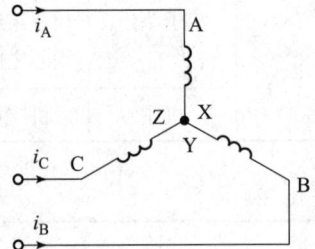

图 5 – 4 三相异步电动机定子接线

随着电流在定子绕组中通过,在三相定子绕组中就会产生旋转磁场,如图 5 – 5 所示。

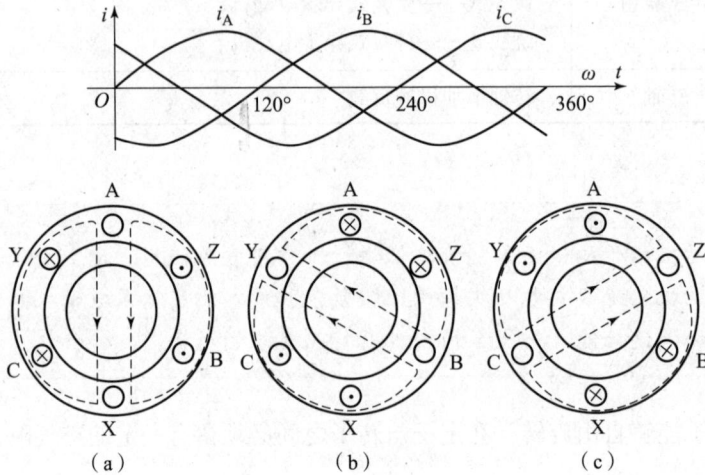

图 5 – 5 旋转磁场的形成

(a) $\omega t = 0°$;(b) $\omega t = 120°$;(c) $\omega t = 240°$

设三相绕组中的交流电流分别为

$$\begin{cases} i_A = I_m \sin\omega t \\ i_B = I_m \sin(\omega t - 120°) \\ i_C = I_m \sin(\omega t + 120°) \end{cases}$$

规定电流的正方向是由每个线圈的始端进、末端出。凡电流流进去的一端标以"$\otimes$",电流流出的一端标以"$\odot$"。三相交流电流在各自的绕组中都会产生交变磁场。为了研究它们在定子空间中的合成磁场,在图 5 – 5 的波形图中取 $\omega t = 0°$、$\omega t = 120°$、$\omega t = 240°$ 三个特殊角度来分析。

当 $\omega t = 0°$ 时,$i_A = 0$,AX 绕组中无电流;i_B 为负,BY 绕组中的电流从 Y 流入 B 流出;i_C 为正,CZ 绕组中的电流从 C 流入 Z 流出;由右手螺旋定则可得合成磁场的方向由 A 指向 X,如图 5 – 5(a)所示。

88

当 $\omega t = 120°$ 时，$i_B = 0$，BY 绕组中无电流；i_A 为正，AX 绕组中的电流从 A 流入 X 流出；i_C 为负，CZ 绕组中的电流从 Z 流入 C 流出；由右手螺旋定则可得合成磁场的方向由 B 指向 Y，与 $\omega t = 0°$ 时相比较，磁场沿顺时针方向在空间旋转了 120°，如图 5-5（b）所示。

当 $\omega t = 240°$ 时，$i_C = 0$，CZ 绕组中无电流；i_A 为负，AX 绕组中的电流从 X 流入 A 流出；i_B 为正，BY 绕组中的电流从 B 流入 Y 流出；由右手螺旋定则可得合成磁场的方向由 C 指向 Z，与 $\omega t = 0°$ 时相比较，磁场沿顺时针方向在空间旋转了 240°，如图 5-5（c）所示。

由此可见，当三相定子绕组中的电流变化一个周期时，合成磁场也按电流的相序方向在空间旋转一周。随着定子绕组中的三相电流不断地做周期性变化，产生的合成磁场也不断地旋转，因此称为旋转磁场。

在定子的三相绕组中通以三相对称电流以后，将在空间产生两个磁极（磁极对数 $p = 1$）的旋转磁场，且电流按正序变化一周时，合成磁场在空间也将沿顺时针方向旋转 360°。

2. 旋转磁场的方向

旋转磁场的方向是由三相绕组中电流相序决定的，若想改变旋转磁场的方向，只要改变通入定子绕组的电流相序，即将三根电源线中的任意两根对调即可。这时，转子的旋转方向也跟着改变。

1.2.3　三相异步电动机的磁极对数、旋转磁场转速

1. 磁极对数 p

三相异步电动机的磁极对数就是旋转磁场的磁极对数。当旋转磁场只有两个磁极（一个 N 极、一个 S 极）即一对磁极（磁极对数 $p = 1$）时，称这种电动机为二极电动机。对二极电动机来说，如前所述，当三相电流变化一个周期时，旋转磁场也按电流的相序方向在空间旋转一周。在实际应用中还要用多对磁极的异步电动机。多对磁极是由定子绕组采取一定的结构和接法而获得的。很容易证明，如果是四极（$p = 2$）电动机，当三相电流变化一周时，旋转磁场在空间只转 180°。同理对 p 对磁极的异步电动机，当定子三相电流变化一周时，其旋转磁场在空间只转 $1/p$ 周。

2. 旋转磁场转速 n_1

三相异步电动机定子旋转磁场的转速 n_1 与电动机磁极对数 p、电源频率 f 有关，它们的关系是

$$n_1 = \frac{60f}{p} \tag{5-1}$$

1.2.4　三相异步电动机的转动原理

为简单起见，我们用一对磁极来进行分析。当定子绕组接通三相电源后，绕组中便通过三相对称电流，并在空间产生一个旋转磁场，异步电动机转子转动的原理图如图 5-6 所示。设磁场以 n_1 的速度沿顺时针方向旋转，则静止的转子和旋转磁场之间便有了相对运动，转子绕组因切割磁感线而产生感应电动势。因为转子绕组相当于逆时针方向切割磁力线，所以根据右手定则确定出转子上半部导线感应电流方向是向内，下半部感应电流是向外的。感应电流与旋转磁场作用而产生电磁力，力的方向可以用左手定则判定。电磁力对转轴作用形成电磁转矩，在转矩的作用下，转子以 n_2 的速度跟随旋转磁场同向转动。显然，

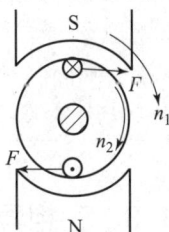

图 5-6　异步电动机转子转动的原理图

当旋转磁场的方向改变时，转子转动的方向也将随之改变。

小提示

右手定则：伸开右手，使拇指与其余四个手指垂直，并且都与手掌在同一平面内；让磁感线从手心进入，并使拇指指向导线运动方向，这时四指所指的方向就是感应电流的方向。这就是判定导线切割磁感线时感应电流方向的右手定则。

左手定则：伸开左手，使拇指与其余四个手指垂直，并且都与手掌在同一平面内；让磁感线从掌心进入，并使四指指向电流的方向，这时拇指所指的方向就是通电导线在磁场中所受电磁力的方向。

1.2.5 转差率 s

尽管异步电动机转子转动方向与旋转磁场的方向相同，但转子的转速 n_2 不可能与旋转磁场的转速 n_1 相等，否则转子与旋转磁场之间就没有相对运动，转子导体将不再切割磁力线，因而转子电动势、转子电流以及转矩也就都不存在。也就是说旋转磁场与转子之间存在转速差，因此把这种电动机称为异步电动机，即欲使异步电动机旋转，必须有旋转的磁场和闭合的转子绕组，并且旋转的磁场和闭合的转子绕组的转速不同，这也是"异步"二字的含义；又因为这种电动机的转动原理是建立在电磁感应基础上的，故又称为感应电动机。

通常我们把旋转磁场转速 n_1 与转子转速 n_2 的差值和旋转磁场转速 n_1 的比值称为异步电动机的转差率，用 s 表示，即

$$s = \frac{n_1 - n_2}{n_1} = \frac{\Delta n}{n_1} \qquad (5-2)$$

根据式（5-2），可以得到电动机的转速常用公式，即

$$n_2 = (1-s)n_1 \qquad (5-3)$$

转差率是异步电动机的一个重要参数，它表示转子转速与旋转磁场转速差异的程度，即电动机的异步程度，它对异步电动机运行特性的分析具有十分重要的意义。

小提示

当旋转磁场以同步转速 n_1 开始旋转时，转子则因机械惯性尚未转动，转子的瞬间转速 $n_2 = 0$，这时转差率 $s = 1$。转子转动起来之后，$n_2 > 0$，$(n_1 - n_2)$ 差值减小，电动机的转差率 $s < 1$。如果转轴上的阻转矩加大，则转子转速 n_2 降低，即异步程度加大，才能产生足够大的感应电动势和电流，产生足够大的电磁转矩，这时的转差率 s 增大，反之，s 减小。异步电动机运行时，转速与同步转速一般很接近，转差率很小。在额定工作状态下为 $0.015 \sim 0.06$。

1.3 三相异步电动机的接法

三相异步电动机的接法具体指电动机三相定子绕组的连接方式。一般笼式电动机的接线盒中有六根引出线，标有 U1、V1、W1、U2、V2、W2，其中：U1、V1、W1 是每一相绕组

的首端，U2、V2、W2 是每一相绕组的末端。

> **小提示**
>
> 注意，此处电动机接线盒中六根引出线 U1、V1、W1、U2、V2、W2 等效前文叙述的绕组首末端 A、B、C、X、Y、Z，不同类型电动机，描述方式稍有不同。

三相异步电动机定子绕组的连接方法有两种：星形（Y）连接和三角形（△）连接。我们通常将它们接在机座外面的接线盒中。根据电源电压和电动机的额定电压，我们可以把三相绕组接成Y或△，两种接法如图 5-7 所示。通常，功率在 4 kW 以下的电动机定子绕组接成星形，在 4 kW（不含）以上的电动机定子绕组接成三角形。

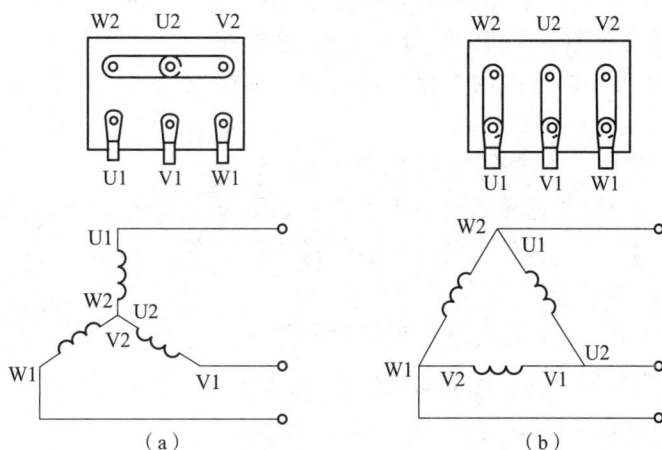

图 5-7 三相异步电动机的接法

（a）星形；（b）三角形

1.4 三相异步电动机的电磁转矩和机械特性

1.4.1 电磁转矩

根据异步电动机的工作原理可知，电动机的电磁转矩（T），简称转矩，是由电流为 I_2 的转子绕组在磁场中受力所产生的。因此，电磁转矩的大小和转子电流 I_2 以及旋转磁场的磁通 Φ 成正比，同时还和转子的功率因数 $\cos\varphi_2$ 成正比。所以，电磁转矩的一般表达式可写成

$$T = K_{\mathrm{T}}\Phi I_2 \cos\varphi_2 \tag{5-4}$$

式中，T 为电磁转矩；K_{T} 为电动机结构有关的常数；Φ 为旋转磁场每个极的磁通量；I_2 为转子绕组电流的有效值；φ_2 为转子电流滞后于转子电动势的相位角。

需要说明的是，直接运用式（5-4）是有困难的，因为它没有明显地反映出电磁转矩与电源电压 U_1、转子转速 n_2（或 s）以及转子电路参数之间的关系，操作起来十分不便。为了直接反映这些因素对电磁转矩的影响，经过推导，有必要将式（5-4）改写如下

$$T = K \frac{sR_2 U_1^2}{R_2^2 + (sX_{20})^2} \tag{5-5}$$

式中，K 为常数；U_1 为定子绕组的相电压；s 为转差率；R_2 为转子每相绕组的电阻；X_{20} 为转子静止时每相绕组的感抗。

由式（5-5）可知，电磁转矩 T 与定子每相电压 U_1 的平方成正比，所以当电源电压有所变动时，对转矩的影响很大。此外，转矩 T 还受转子电阻 R_2 的影响。

1.4.2 机械特性曲线

当加在电动机上的电压 U_1 为额定电压时，电动机的电磁转矩 T 与转子转速 n 之间的关系称为电动机的机械特性，即 $n = f(T)$。

三相异步电动机的机械特性曲线如图 5-8 所示。下面我们讨论曲线上几个特殊点的转矩。

1. 额定转矩 T_N

在 $n = n_N (s = s_N)$ 时，$T = T_N$，这点的转矩称为额定转矩 T_N。当电动机工作在额定转矩 T_N 时，s_N 通常在 $0.02 \sim 0.06$，转速在很小的范围内变化时转矩即可在很大的范围内变化。

当忽略电动机本身机械摩擦转矩 T_0 时，阻转矩近似为负载转矩 T_L，电动机做等速旋转时，电磁转矩 T 必与阻转矩 T_L 相等，即 $T = T_L$。额定负载时，则有 $T_N = T_L$。

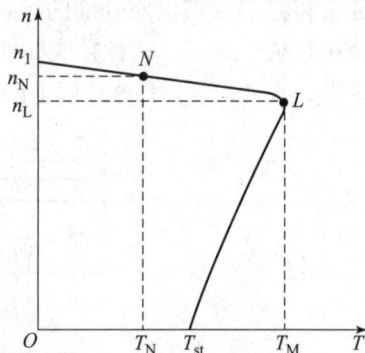

图 5-8 三相异步电动机的
机械特性曲线

2. 启动转矩 T_{st}

在 $n = 0$（$s = 1$）时，$T = T_{st}$，这点的转矩称为启动转矩 T_{st}，也称为堵转转矩。为确保电动机能够带额定负载启动，必须满足：$T_{st} > T_N$，一般的三相异步电动机有 $T_{st}/T_N = 1 \sim 2.2$。

3. 最大转矩 T_M

在 $n = n_L (s = s_L)$ 时，$T = T_M$，这点的转矩称为最大转矩 T_M。T_M 的大小表征着电动机的过载能力，用过载系数 λ 表示，$\lambda = T_M/T_N$（一般三相异步电动机的过载系数在 $1.8 \sim 2.2$）。在任何情况下，电动机的负载转矩都不能大于 T_M，否则电动机转速将急剧下降，致使电动机堵转停止，因此，这一点称为临界转速点。

1.5 三相异步电动机的控制

1.5.1 三相异步电动机的启动

1. 启动特性分析

1）启动电流 I_{st}

在刚启动时，由于旋转磁场对静止的转子有着很大的相对转速，磁力线切割转子导体的速度很快，这时转子绕组中感应出的电动势和产生的转子电流均很大，同时，定子电流必然也很大。一般中小型笼式电动机定子的启动电流可达额定电流的 $5 \sim 7$ 倍。

2）启动转矩 T_{st}

电动机启动时，转子电流 I_2 虽然很大，但转子的功率因数 $\cos\varphi_2$ 很低，由式（5-4）可知，电动机的启动转矩 T 较小。

启动转矩小存在以下问题：一是会延长启动时间；二是不能在满载下启动，因此应设法提高。但启动转矩如果过大，会使传动机构受到冲击而损坏，所以一般机床的主电动机都是空载启动，对启动转矩没有什么要求。

2. 笼式异步电动机的启动方法

1）直接启动

直接启动又称为全压启动，就是利用闸刀开关或接触器将电动机的定子绕组直接加到额定电压下启动。这种方法只用于小容量的电动机或电动机容量远小于供电变压器容量的场合。

2）降压启动

在启动时降低加在定子绕组上的电压，以减小启动电流，待转速上升到接近额定转速时，再恢复到全压运行。这种方法适于大中型笼式异步电动机的轻载或空载启动。

（1）星形－三角形（丫－△）降压启动。启动时，将三相定子绕组接成星形，待转速上升到接近额定转速时，再接成三角形。这样，在启动时就把定子每相绕组上的电压降到正常工作电压的$1/\sqrt{3}$。这种方法只能用于正常工作时定子绕组为三角形连接的电动机，可采用星三角启动器来实现。星三角启动器具有体积小、成本低、寿命长、动作可靠等特点。

（2）自耦变压器降压启动。自耦变压器降压启动是利用三相自耦变压器将电动机在启动过程中的端电压降低。启动时，先把开关扳到"启动"位置，当转速接近额定值时，将开关扳向"工作"位置，切除自耦变压器。采用自耦变压器降压启动，也同时能使启动电流和启动转矩减小。正常运行做星形连接或容量较大的笼式异步电动机，常用自耦变压器降压启动。

1.5.2　三相异步电动机的调速

调速就是在同一负载下能得到不同的转速，以满足生产过程的要求。将式（5-2）、式（5-3）重新列写如下：

$$s = \frac{n_1 - n_2}{n_1} = \frac{\Delta n}{n_1}$$

$$n_2 = (1-s)n_1 = (1-s)\frac{60f}{p}$$

根据上式可知，通过三个途径可以对三相异步电动机进行调速：改变电源频率f，改变磁极对数p，改变转差率s。前两者是笼式电动机的调速方法，后者是绕线式电动机的调速方法。

1. 变频调速

此方法可获得平滑且范围较大的调速效果，且具有硬的机械特性，可实现无级调速。随着科学技术的发展，变频调速在多个领域得到了广泛应用。

2. 变级调速

此方法不能实现无级调速，但它简单方便，常用于金属切割机床或其他生产机械上。

3. 转子回路串电阻调速

在绕线式异步电动机的转子电路中，串入一个三相调速变阻器进行调速。此方法能平滑地调节绕线式电动机的转速，且设备简单、投资少，但变阻器增加了损耗，故常用于短时调速或调速范围不太大的场合。

1.5.3　三相异步电动机的制动

制动是给三相异步电动机一个与转动方向相反的转矩，使它在断开电源后很快地减速或停转。对电动机制动，也就是要求它的转矩与转子的转动方向相反，这时的转矩称为制动转矩。

常见的电气制动方法有以下几种。

1. 反接制动

当电动机快速转动而需停转时，改变电源相序，使转子受一个与原转动方向相反的转矩而迅速停转。用这种办法制动时应当注意，当转子转速接近零时，应及时切断电源，以免电动机反转。

为了限制电流，对功率较大的电动机进行制动时必须在定子电路（笼式）或转子电路（绕线式）中接入电阻。

这种方法比较简单，制动力强，效果较好，但制动过程中的冲击也强烈，易损坏传动器件，能量消耗较大，频繁反接制动会使电动机过热。有些中型车床和铣床的主轴的制动采用这种方法。

2. 能耗制动

电动机脱离三相电源的同时，给定子绕组接入一直流电源，使直流电流通入定子绕组。于是在电动机中便产生一方向恒定的磁场，使转子受一与转子转动方向相反的电磁力的作用，于是产生制动转矩，实现制动。直流电流的大小一般为电动机额定电流的 0.5~1 倍。

由于这种方法是用消耗转子的动能（转换为电能）来进行制动的，所以称为能耗制动。这种制动能量消耗小，制动准确而平稳，无冲击，但需要直流电流。在有些机床的制动中常采用这种制动方法。

3. 发电反馈制动

当转子的转速 n_2 超过旋转磁场的转速 n_1 时，这时的转矩也是制动的。例如，当起重机快速下放重物时，重物拖动转子旋转，使其转速 $n_2 > n_1$，产生制动转矩，电动机在平衡转矩作用下等速下降。

任务2　三相异步电动机控制电路

电器控制系统都是由用电设备、控制电器和保护电器组成的。用来控制用电设备工作状态的电器称为控制电器。用来保护电源和用电设备的电器称为保护电器。在低压供电系统中使用的电器称为低压电器。

低压电器是一种能根据外界的信号和要求，手动或自动地接通、断开电路，以实现对电路或非电路对象的切换、控制、保护、检测、变换和调节的元件或设备。控制电器按其工作电压的高低，以交流 1 200 V、直流 1 500 V 为界，可划分为高压控制电器和低压控制电器两大类。

2.1　电器分类

1. 按用途分类

（1）控制电器：用于各种控制电路和控制系统的电器，如接触器、继电器等。

5.1 低压电器的定义和分类

（2）主令电器：用于自动控制系统中发送控制指令的电器，如按钮、行程开关等。

（3）保护电器：用于保护电路及用电设备的电器，如熔断器、热继电器等。

（4）配电电器：用于电能的输送和分配的电器，如低压断路器、隔离器等。

（5）执行电器：用于完成某种动作或传动功能的电器，如电磁铁、电磁离合器等。

2. 按工作原理分类

（1）电磁式电器：依据电磁感应原理来工作的电器，如交直流接触器、各种电磁式继电器等。

（2）非电量控制电器：电器的工作是靠外力或某种非电物理量的变化而动作的电器，如刀开关、行程开关、按钮、速度继电器、压力继电器、温度继电器等。

3. 按操作方式分类

（1）自动电器：如时间继电器、速度继电器等。

（2）手动电器：如按钮、刀开关、转换开关等。

4. 按触点类型

（1）有触点电器：如继电器、接触器、行程开关等。

（2）无触点电器：如固态继电器、接近开关等。

2.2 常用低压电器

1. 刀开关（QS）

刀开关俗称刀闸开关，是一种最常用的手动电器，如图 5-9 所示，由安装在瓷质底板上的刀片（也称动触头）、刀座（也称静触头）和胶木盖构成。刀开关按刀片数量不同，可分为单刀、双刀和三刀三种。

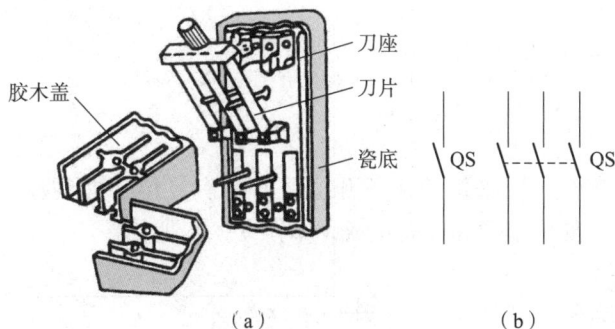

图 5-9 刀开关

（a）结构；（b）符号（单刀、三刀）

刀开关在电路中主要用于隔离、转换以及接通和分断电路，多数用于电源开关、照明设备的控制，也可以用来控制小容量的电动机的启动和停止操作。

2. 断路器（QF）

断路器又称为自动空气开关，用于不频繁接通和断开电路以及控制电动机的运行，相当于刀开关、熔断器、过电流继电器、欠电压继电器和热继电器的组合，当电路发生短路、过载和失压等情况时，能自动切断电路，也就是我们常说的跳闸。

断路器主要由触点、脱扣器、灭弧装置和操作机构组成。正常工作时，手柄处于"合"

位置，此时触点保持闭合状态，扳动手柄处于"分"位置，触点处于断开状态，这个状态在机械上是互锁的，如图 5－10 所示。

（1）当电路发生短路或严重过载时，过电流脱扣器的衔铁被吸合，通过杠杆将搭钩顶开，主触点迅速切断短路或严重过载电路。

（2）当电路过载时，产生的热量使双金属片弯曲变形推动杠杆顶开搭钩，主触点断开，切断过载电路。过载越严重，主触点断开越快，但不可能瞬动。

（3）当电路失压或电压过低时，欠压脱扣器中衔铁因吸力不足而将被释放，主触点被断开。当电源恢复正常时，必须重新合闸后才能工作，实现失压、欠压保护。

5.3 断路器

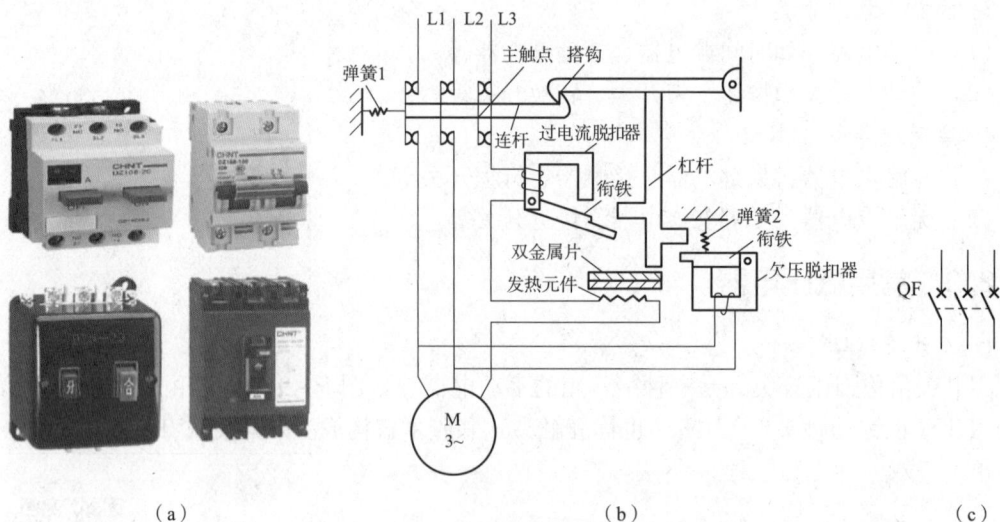

图 5－10　断路器

（a）实物；（b）原理示意图；（c）符号

3. 按钮（SB）

按钮是一种手动操作，用来接通或断开电路并具有复位功能的控制开关，一般由动触点、静触点、按钮帽、复位弹簧和外壳组成，如图 5－11 所示。

5.4 按钮

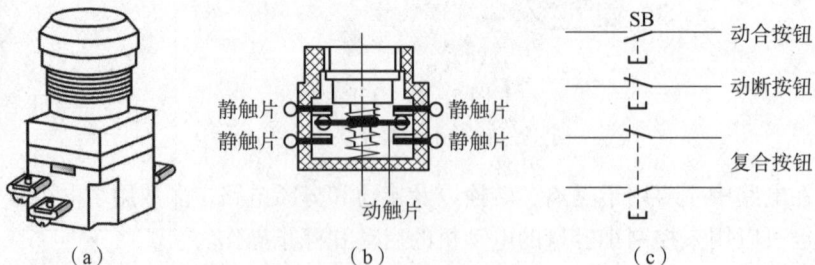

图 5－11　按钮

（a）外形；（b）原理示意图；（c）符号

1）动合按钮

未按下按钮时触点是断开的，按下按钮时触点闭合，也就是"一动就闭合"的意思。

松开按钮，按钮自动复位。

2）动断按钮

未按下按钮时触点是闭合的，按下按钮时触点断开，也就是"一动就断开"的意思。松开按钮，按钮自动复位。

3）复合按钮

将动合按钮和动断按钮组合为一体，按下复合按钮时，动断触点先断开，动合触点再闭合，松开复合按钮，动合触点先断开，动断触点再闭合。

4. 熔断器（FU）

熔断器是一种最常见的短路保护装置，一般由熔管、熔体和底座组成，如图 5 - 12 所示。

5.5 熔断器

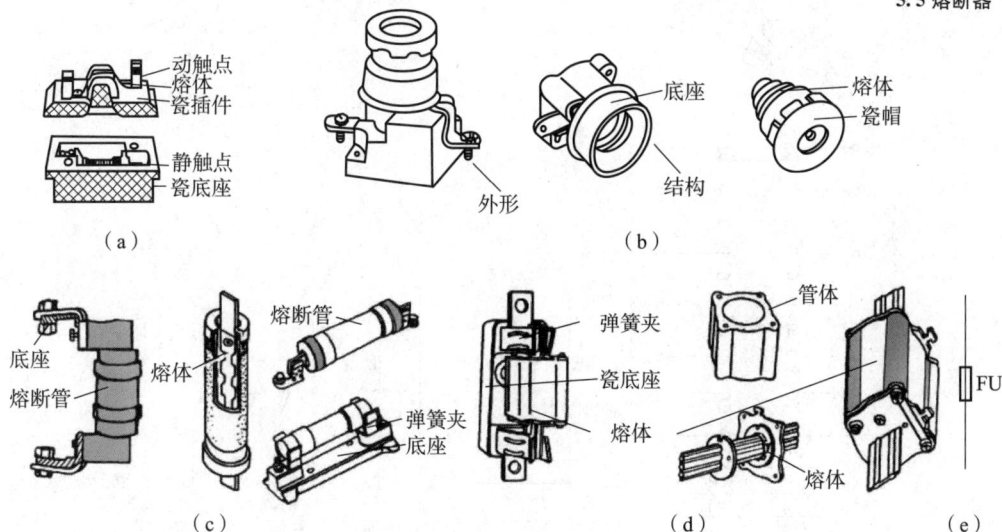

图 5 - 12 熔断器

（a）插入式熔断器；（b）螺旋式熔断器；（c）管式熔断器；（d）填料式熔断器；（e）符号

当电路发生短路时，通过熔断器的电流达到某一规定值，以其自身产生的热量使得熔体熔断，从而切断电路，起到保护作用。熔断器具有结构简单、分断能力强、体积小、使用方便、维护方便等优点，因此在电路中得到普遍使用。熔断器的缺点是，当熔断器烧坏之后需要重新更换。

5. 交流接触器（KM）

接触器主要用来远距离接通和断开电路以及频繁控制电动机的接通和断开操作，按照电流种类可分为直流接触器和交流接触器。交流接触器主要由电磁机构、触点系统和灭弧装置等组成，如图 5 - 13 所示。

5.6 交流接触器

1）电磁机构

电磁机构由线圈、衔铁（动铁芯）和静铁芯组成，其利用电磁线圈的通电或断电，使得动铁芯和静铁芯吸合或断开，从而带动动触点与静触点动作，实现接通或断开电路的目的。为了消除交流接触器的铁芯在工作时发生振动而产生噪声，在交流接触器的铁芯上装有短路环。

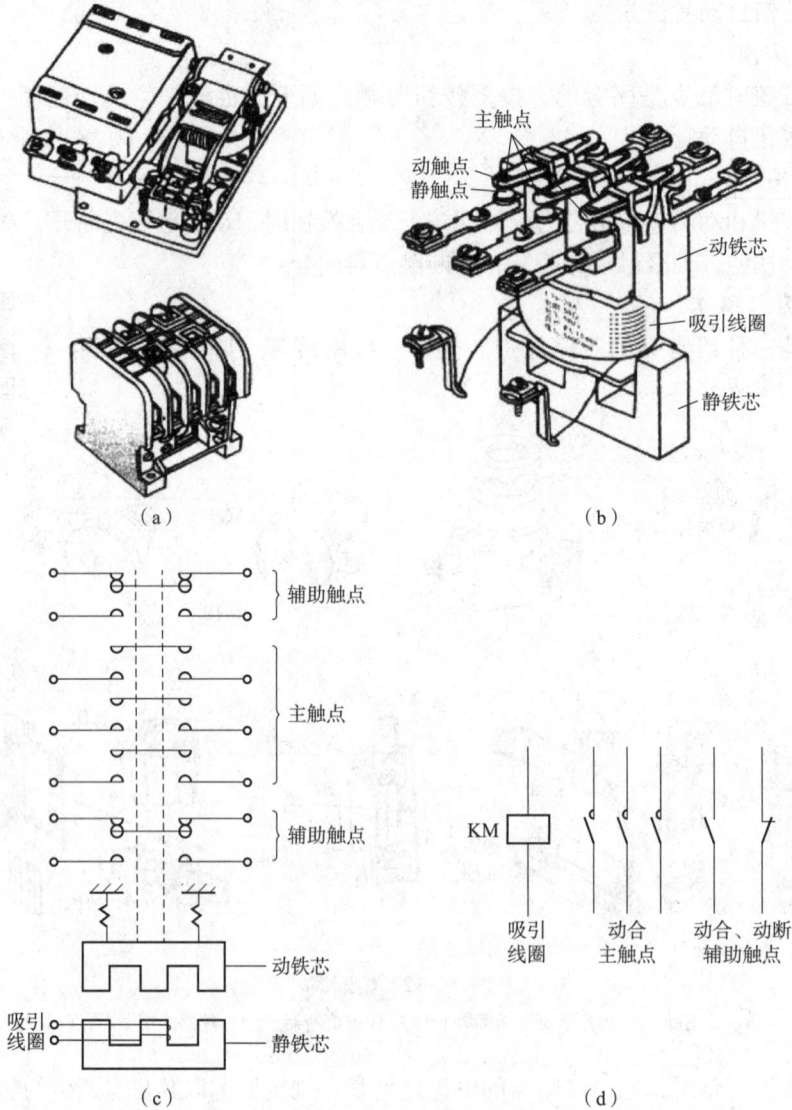

图 5-13　交流接触器

(a) 外形；(b) 结构；(c) 原理示意图；(d) 符号

2）触点系统

交流接触器一般情况下有 5 对常开触点（动合触点）和 2 对常闭触点（动断触点），常开触点中有 3 对主触点和 2 对辅助触点。主触点设有灭弧装置，允许通过较大电流，所以接在主电路中与负载串联。辅助触点不设灭弧装置，用于通断电流较小的控制电路中。

3）灭弧装置

接触器在接通或断开大电流时，在触点之间会产生电弧，所以交流接触器有灭弧装置。

6. 继电器（KA）

继电器是一种利用电流、电压、时间、温度等信号的变化来接通或断开所控制的电路，以实现自动控制或完成保护任务的自动电器。当继电器输入电压、电流和频率等电量或温度、压力和转速等非电量达到规定值时，继电器的触点便接通或分断所控制或保护的电路。

继电器被广泛应用于电力拖动系统、电力保护系统以及各类遥控和通信系统中。

小提示

继电器和接触器的工作原理一样，主要区别在于，接触器的主触点可以通过大电流，而继电器的触点只能通过小电流，所以，继电器只能用于控制电路中。继电器类型包括中间继电器、电压继电器、电流继电器、时间继电器、速度继电器等。

继电器一般由输入感测机构和输出执行机构两部分组成。前者用于反映输入量的高低；后者用于接通或分断电路。以中间继电器为例，如图 5 – 14 所示。

（a）　　　　　　　　　　　　　　（b）

图 5 – 14　中间继电器

（a）外形；（b）符号

7. 热继电器（FR）

热继电器是一种利用电流的热效应来切断电路的保护电器，由热元件、双金属片、脱扣机构、触点、复位按钮和电流整定装置组成，在电路中主要起过载保护作用，如图 5 – 15 所示。

5.7 热继电器

（a）

（b）　　　　　　　　　　　　　　（c）

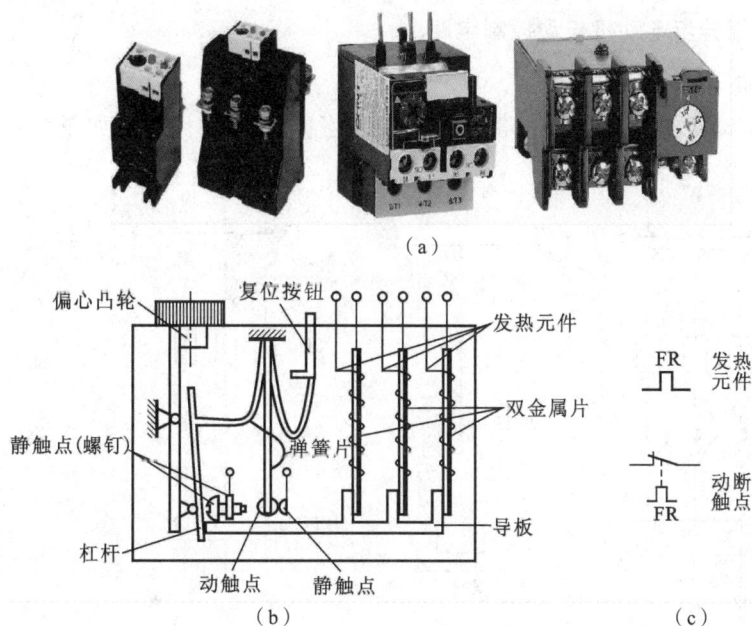

图 5 – 15　热继电器

（a）外形；（b）原理示意图；（c）符号

热继电器的发热元件串联在被保护设备的电路中，过载时负载电流增大导致发热元件产生的热量使双金属片弯曲变形，当弯曲程度达一定幅度时，导板推动杠杆使热继电器的触点动作，其动断触点断开，切断电路，从而起到保护作用。

热继电器双金属片冷却后，按下复位按钮，使热继电器的常闭触点恢复闭合状态后，热继电器才能重新工作。热继电器动作电流的大小可以通过偏心凸轮进行调整，值得注意的是，从电气设备开始过载到热继电器动作需要一定的时间，所以热继电器不能用于电路的短路保护。

2.3 电动机常用电气控制电路

2.3.1 三相异步电动机点动控制电路

1. 电路组成

图 5-16 所示为三相异步电动机点动控制电路。

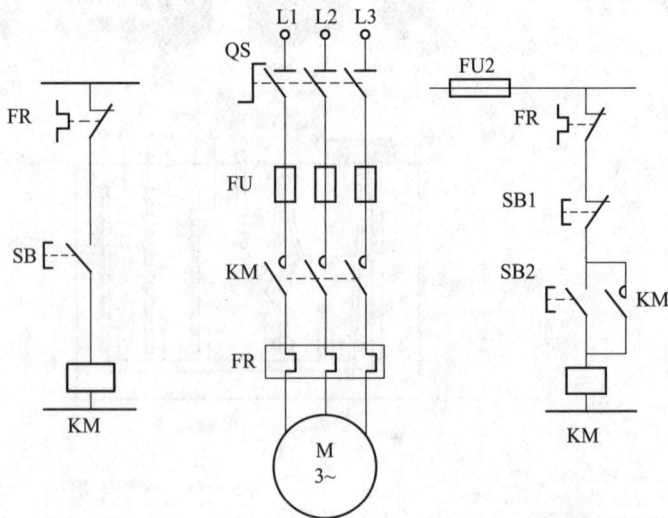

2. 相关电气元件

（1）QS 为闸刀开关，在电路中起隔离开关作用；

（2）FU 为熔断器，起短路保护作用；

（3）FR 为热继电器，起过载保护作用；

（4）SB 为动合按钮，也称点动按钮；

（5）KM 为交流接触器，其主触点控制电动机的启动和停止；

（6）M 为三相交流异步电动机，是直接启动控制电路的控制对象。

3. 工作原理

合上开关 QS，三相电源被引入控制电路，但电动机还不能启动。按下按钮 SB，接触器 KM 线圈通电，衔铁吸合，常开主触点接通，电动机定子接入三相电源而启动运转。松开按钮 SB，接触器 KM 线圈断电，衔铁松开，常开主触点断开，电动机因断电而停转。

2.3.2 三相异步电动机长动控制电路

1. 电路组成

三相异步电动机的长动控制电路，又叫自锁控制电路，电路组成如图 5-17 所示。

5.8 电动机点动控制电路

5.9 电动机长动控制电路

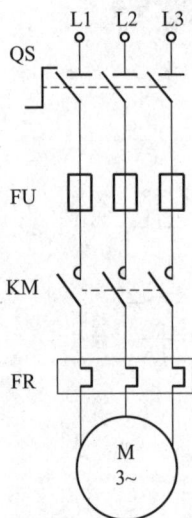

图 5-16 三相异步电动机点动控制电路

图 5-17 三相异步电动机长动控制电路

2. 相关电气元件

（1）QS 为闸刀开关，在电路中起隔离开关作用；

（2）FU 为熔断器，起短路保护作用；

（3）FR 为热继电器，起过载保护作用；

（4）SB2 为动合按钮，是启动按钮；

（5）SB1 为动断按钮，是停止按钮；

（6）KM 为交流接触器，其主触点控制电动机的启动和停止；

（7）M 为三相交流异步电动机，是直接启动控制电路的控制对象。

3. 工作原理

1）启动过程

按下启动按钮 SB2，接触器 KM 线圈通电，与 SB2 并联的 KM 的辅助常开触点闭合，以保证松开按钮 SB2 后 KM 线圈持续通电，串联在电动机回路中的 KM 的主触点持续闭合，电动机连续运转，从而实现连续运转控制，这种现象称为自锁。

2）停止过程

按下停止按钮 SB1，接触器 KM 线圈断电，与 SB2 并联的 KM 的辅助常开触点断开，以保证松开按钮 SB1 后 KM 线圈持续失电，串联在电动机回路中的 KM 的主触点持续断开，电动机停转。

4. 电路中的保护环节

如图 5 - 17 所示的控制电路，可实现短路保护、过载保护和失压、欠压保护。

1）短路保护

通过串接在电路中的熔断器 FU 实现短路保护，如果电路发生短路故障，熔体立即熔断，电动机立即停转。

2）过载保护

通过热继电器 FR 实现电路的过载保护。当电路过载时，热继电器的发热元件发热，将其常闭触点断开，使接触器 KM 线圈断电，串联在电动机回路中的 KM 的主触点断开，电动机停转。同时 KM 辅助触点也断开，解除自锁。故障排除后若要重新启动，需按下 FR 的复位按钮，使 FR 的常闭触点复位即可。

3）失压（欠压）保护

通过接触器 KM 本身实现电路的失压、欠压保护。当电源暂时断电或电压严重下降时，接触器 KM 线圈的电磁吸力不足，衔铁自行释放，使主触点、辅助触点自行复位，切断电源，电动机停转，同时解除自锁。

2.3.3　三相异步电动机正反转控制电路

1. 电路组成

三相异步电动机正反转控制电路如图 5 - 18 所示。

2. 相关电气元件

（1）QS 为闸刀开关，在电路中起隔离开关作用；

（2）FU 为熔断器，起短路保护作用；

（3）FR 为热继电器，起过载保护作用；

（4）SB2 为动合按钮，是正转启动按钮；

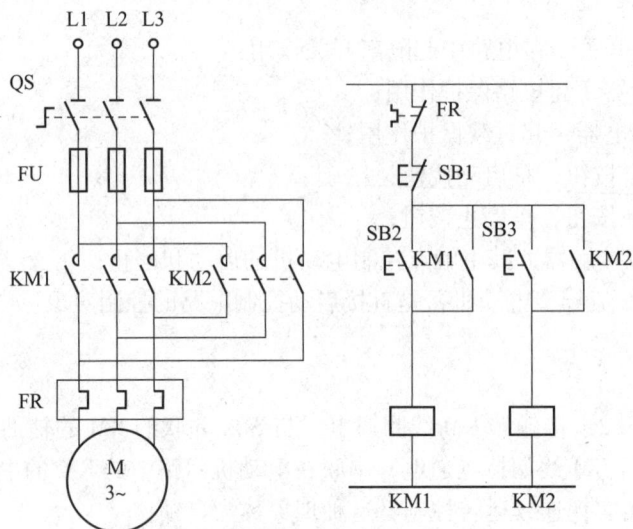

5.10 电动机正反转控制电路

图 5-18　三相异步电动机正反转控制电路

（5）SB3 为动合按钮，是反转启动按钮；

（6）SB1 为动断按钮，是停止按钮；

（7）KM1 为接触器，其主触点控制电动机的正转启动和停止；

（8）KM2 为接触器，其主触点控制电动机的反转启动和停止；

（9）M 为三相交流异步电动机，是直接启动控制电路的控制对象。

3. 工作原理

1）正向启动过程

按下启动按钮 SB2，接触器 KM1 线圈通电，与 SB2 并联的 KM1 的辅助常开触点闭合，形成自锁，串联在电动机回路中的 KM1 的主触点持续闭合，电动机正向运转。

2）停止过程

按下停止按钮 SB1，接触器 KM1 线圈断电，与 SB2 并联的 KM1 的辅助触点断开，串联在电动机回路中的 KM1 的主触点断开，切断电动机定子电源，电动机停转。

3）反向启动过程

按下启动按钮 SB3，接触器 KM2 线圈通电，与 SB3 并联的 KM2 的辅助常开触点闭合，形成自锁，串联在电动机回路中的 KM2 的主触点持续闭合，电动机反向运转。

2.3.4　接触器互锁的正反转控制电路

1. 电路组成

三相异步电动机接触器互锁的正反转控制电路如图 5-19 所示。

2. 相关电气元件

（1）QS 为闸刀开关，在电路中起隔离开关作用；

（2）FR 为热继电器，起过载保护作用；

（3）SB2 为动合按钮，是正转启动按钮；

（4）SB3 为动合按钮，是反转启动按钮；

（5）SB1 为动断按钮，是停止按钮；

图 5 - 19　三相异步电动机接触器互锁的正反转控制电路

（6）KM1 为接触器，其主触点控制电动机的正转启动和停止，辅助常闭触点串入 KM2 的线圈回路；

（7）KM2 为接触器，其主触点控制电动机的反转启动和停止，辅助常闭触点串入 KM1 的线圈回路。

3. 工作原理

将接触器 KM1 的辅助常闭触点串入 KM2 的线圈回路中，从而保证在 KM1 线圈通电时 KM2 线圈回路总是断开的；将接触器 KM2 的辅助常闭触点串入 KM1 的线圈回路中，从而保证在 KM2 线圈通电时 KM1 线圈回路总是断开的。这样接触器的辅助常闭触点 KM1 和 KM2 保证了两个接触器线圈不能同时通电，这种控制方式称为互锁或者联锁，这两个辅助常开触点称为互锁触点或者联锁触点。

若电动机处于正转状态要反转时必须先按停止按钮 SB1，使电动机停止后才能按下按钮 SB3 使电动机反转；若电动机处于反转状态要正转时必须先按停止按钮 SB1，使电动机停止后才能按下正转启动按钮 SB2 才能使电动机正转。这构成了"正转—停止—反转"或"反转—停止—正转"的控制方式。

2.3.5　双重互锁正反转控制电路

1. 电路组成

三相异步电动机接触器互锁的正反转控制电路如图 5 - 20 所示。

2. 相关电气元件

（1）QS 为闸刀开关，在电路中起隔离开关作用；

（2）FR 为热继电器，起过载保护作用；

（3）SB2 为复合按钮，动合按钮是正转启动按钮，动断按钮串入 KM2 的线圈回路；

（4）SB3 为复合按钮，动合按钮是反转启动按钮，动断按钮串入 KM1 的线圈回路；

（5）SB1 为动断按钮，是停止按钮；

103

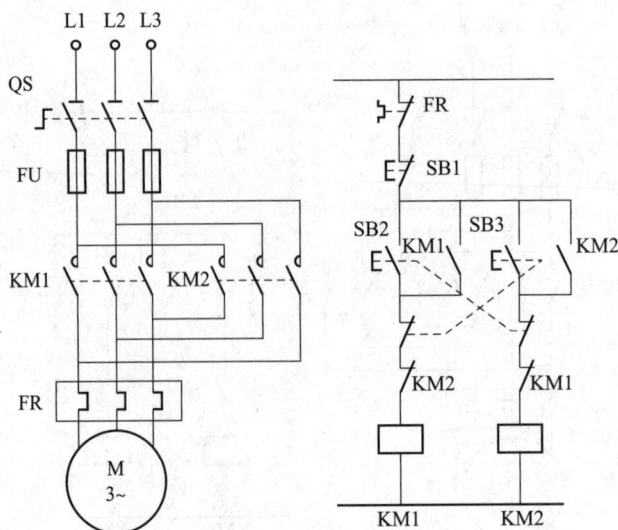

图 5-20　三相异步电动机接触器互锁的正反转控制电路

（6）KM1 为接触器，其主触点控制电动机的正转启动和停止，辅助常闭触点串入 KM2 的线圈回路；

（7）KM2 为接触器，其主触点控制电动机的反转启动和停止，辅助常闭触点串入 KM1 的线圈回路。

3. 工作原理

将两个启动按钮的动断触点分别串联到另一接触器线圈的控制支路上。这样，若正转时要反转，直接按反转按钮 SB3，其动断触点断开，正转接触器 KM1 线圈断电，主触点断开。接着串联于反转接触器线圈支路中的动断触点 KM1 恢复闭合，SB3 动合触点闭合，KM2 线圈通电自锁，电动机就反转。这种既有电气互锁，又有机械互锁的电路叫双重互锁控制电路，构成了"正转—反转—停止"的操作方式。

项目自测

一、填空题

1. 异步电动机的旋转磁场方向与通入定子绕组中三相电流的_____有关。异步电动机的转动方向与旋转磁场的方向_____。旋转磁场的转速取决于旋转磁场的_____和_____。

2. 三相异步电动机主要由_____和_____两大部分组成。电动机的铁芯是由相互绝缘的_____叠压制成。电动机的定子绕组可以连接成_____或_____两种方式。

3. 异步电动机的调速可以用改变_____、_____和_____三种方法来实现。

4. 一台三相异步电动机，定子旋转磁场磁极对数为 2，若定子电流频率为 100 Hz，其同步转速为_____。

5. 熔断器在电路中起_____保护作用；热继电器在电路中起_____保护作用。

6. 欲使异步电动机旋转，必须有旋转的_____和闭合的_____。

二、判断题

1. 电动机的铁芯通常都是用软磁性材料制成的。   （   ）

2. 电动机的电磁转矩与电源电压的平方成正比。   （   ）

3. 电动机正常运行时，负载的转矩不得超过最大转矩，否则将出现堵转现象。（   ）

4. 接触器的辅助常开触头在电路中起自锁作用，辅助常闭触头起互锁作用。（   ）

5. 三相异步电动机在满载和空载下启动时，启动电流是一样的。   （   ）

三、选择题

1. 已知交流电路中，某元件的阻抗与频率成反比，则该元件是（   ）。

A. 电阻   B. 电感

C. 电容   D. 电动势

2. 熔断器在电动机控制线路中的作用是（   ）。

A. 短路保护   B. 过载保护

C. 缺相保护   D. 电流不平衡运行保护

3. 按复合按钮时，（   ）。

A. 常开先闭合   B. 常闭先断开

C. 常开、常闭同时动作   D. 常闭动作，常开不动作

4. 热继电器在电动机控制线路中不能做（   ）。

A. 短路保护   B. 过载保护

C. 缺相保护   D. 电流不平衡运行保护

5. 三相异步电动机的旋转方向与通入三相绕组的三相电流（   ）有关。

A. 大小   B. 方向

C. 相序   D. 频率

6. 三相异步电动机旋转磁场的转速与（   ）有关。

A. 负载大小   B. 定子绕组上电压大小

C. 电源频率   D. 三相转子绕组所串电阻的大小

7. 三相异步电动机的最大转矩与（   ）。

A. 电压成正比   B. 电压平方成正比

C. 电压成反比   D. 电压平方成反比

8. 下列 4 个控制电路中，正确的是（   ）。

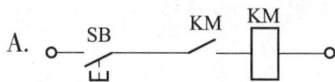

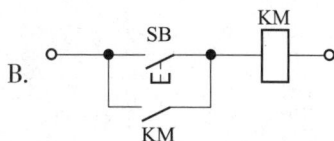

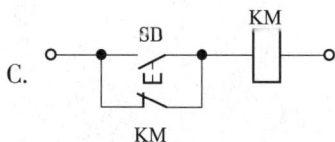

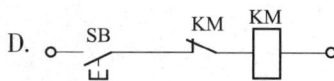

四、分析题

1. 题图 5 - 1 所示为电动机正反转控制线路图，试分析其控制过程。

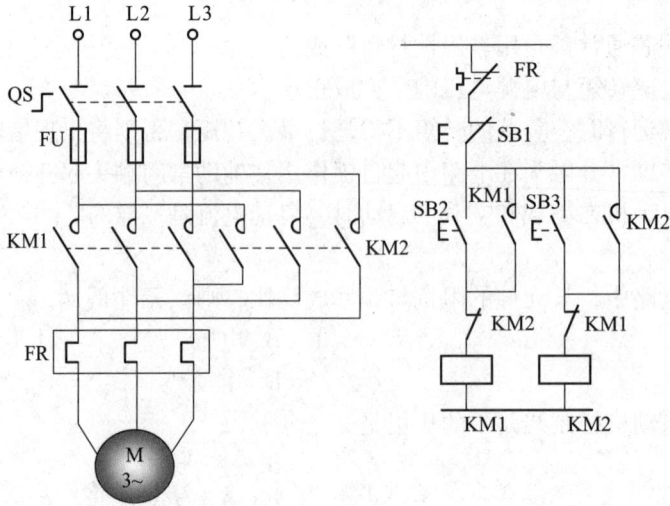

题图 5 – 1

2. 题图 5 – 2 所示为电动机点动加连续运行控制线路图，试分析其控制过程。

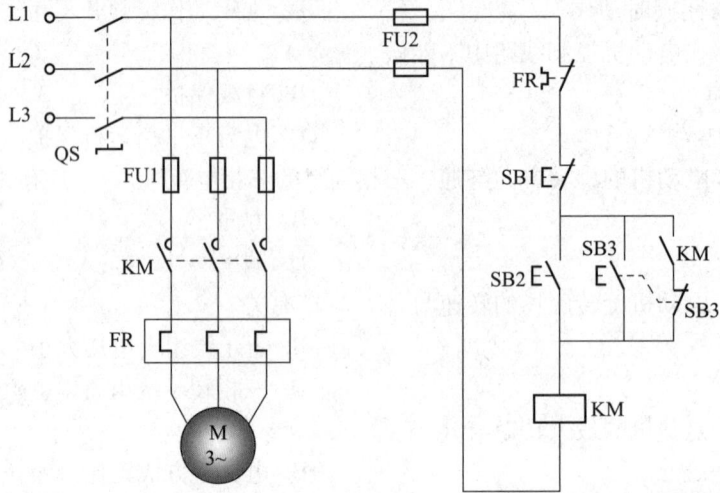

题图 5 – 2

项目六

声光报警电路分析

项目导读

声光报警器是一种用在危险场所，通过声音和光来向人们发出示警信号的报警装置。其能够很好地防止爆炸、火灾等事故的发生，尤其是对于一些人工作业比较集中的场所，有很好的预警作用，可以最大限度地防止人员伤亡。通过对前面项目的学习，我们已经有了基本用电常识，在本项目中，鉴于声光报警器的高实用性，我们将分析一种简单的声光报警电路。

案例引入

图 6 - 1 所示为声光报警电路，其中限流电阻 $R_1 = 100\ \Omega$，基极电阻 $R_2 = 1\ \mathrm{k}\Omega$，D1 为发光二极管，D2 为蜂鸣器，Q1 为 NPN 型三极管，S1 为按钮开关，整体声光报警电路采取 9 V 电池供电。实验现象：按下按钮开关 S1，发光二极管 D1 点亮，蜂鸣器 D2 鸣响。

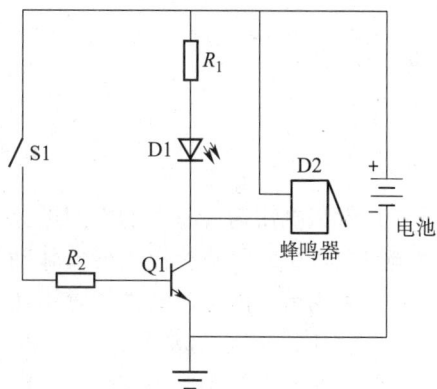

图 6 - 1 声光报警电路

项目目标

(1) 了解二极管的型号、分类，掌握其主要特性，理解二极管技术文档规格书；

(2) 了解三极管的基本结构和分类，掌握三极管的主要作用；

(3) 掌握三极管主要特性和功能；

(4) 掌握简单声光报警电路的工作原理，能够对声光报警电路进行分析。

任务 1　探究半导体器件

物质根据导电能力的不同，可分为导体（如金、银、铜、铁等）和绝缘体（如干燥的木头、玻璃等），还有一类物质（如硅、锗和砷化镓等），它们的导电能力介于导体和绝缘体之间，称为半导体。其导电能力随温度、光照或所掺杂质的不同而显著变化，特别是掺杂可以改变半导体的导电能力和导电类型的物质，因而半导体广泛应用于各种器件及集成电路的制造。利用半导体材料制成的电子元器件称为半导体器件，常见的半导体器件包括二极管、三极管、集成电路等。

1.1　二极管

任何一本较为系统地介绍电子技术的教程，都会在介绍二极管之前对半导体材料的原子结构、电子与空穴、P－N 结等预备知识做详细的介绍。这些对理解半导体器件的工作原理固然有铺垫作用，但我们更侧重的是器件应用方面的知识，所以本书中忽略了上述预备知识。即使这样，对我们使用二极管也不会有太大的影响。

二极管又称为晶体二极管，是一种有两个引脚的半导体器件，这两个引脚一个是正极（或称阳极），另一个是负极（或称阴极）。在电路中二极管用符号"VD"或"D"表示。二极管的主要作用有整流、检波、变频、变容、稳压、极性保护、开关、光/电转换等。常见二极管电路符号如图 6-2 所示。

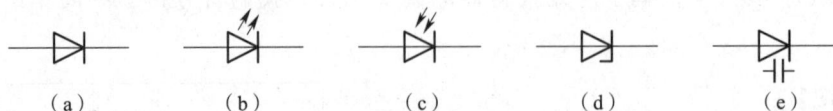

图 6-2　常见二极管电路符号

(a) 二极管；(b) 发光二极管；(c) 光敏二极管；

(d) 稳压二极管；(e) 变容二极管

二极管根据用途和特点的不同可分为 20 多个种类，其中较为常用的是整流二极管，用在整流电路当中，可将交流电变成脉动的直流电，常规型号有 1N4001 ~ 1N4007；发光二极管是目前最为流行的光源器件，常用在指示灯、照明灯中；稳压二极管工作于反向击穿区，用于稳定电压；光电二极管可接收可见光或不可见光，将光能转换为电能，功能类似于光敏电阻；肖特基二极管则应用在钳位、放电保护等电路中。

1.2　二极管的单向导电特性

二极管是具有单向导电特性的器件，即二极管只有在正向偏置时才会导通，有电流从正极流向负极；而在反向偏置时截止，没有电流通过。

6.1PN 结的单向导电性

边学边练

例：二极管的单向导电特性研究。搭建验证电路如图 6 - 3 （a）和图 6 - 3 （b）所示。观察哪个电路的电流表有读数？说明什么问题？

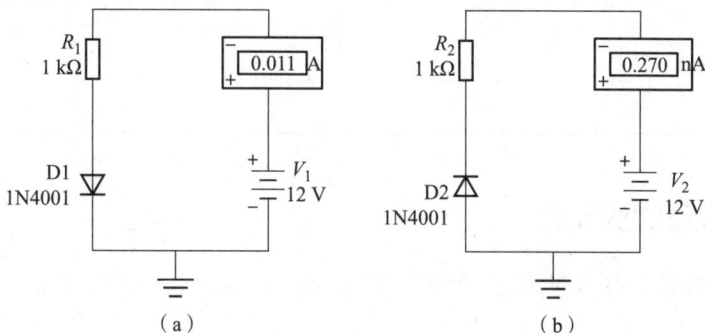

图 6 - 3　二极管的单向导电特性研究
（a）正向偏置；（b）反向偏置

解：图 6 - 3 （a）中，电流从电池正极出发，经过电流表（电流表为理想电流表，电阻极小），电阻 R_1 后进入二极管 D1 的正极，并从其负极流出后回到电池负极，这符合二极管单向导电的要求——电流从正极流向负极，所以电路中有电流出现，其大小为 0.011 A。此时我们称二极管获得正向偏置，有正向电流流过。

图 6 - 3 （b）中，二极管 D2 极性对调，电流无法从它的负极流到正极，电路中几乎没有电流形成，所以电流表读数只有 0.270 nA （1 nA = 10^{-9} A），此时我们称二极管为反向偏置。

由电流表的读数可知，正向偏置时电路中的电流为反向偏置时的 40 000 000 倍（0.011 A/0.270 nA）！此实验充分说明二极管正向偏置时导通，电路中有电流形成；而反向偏置时截止，电路的电流极小而一般忽略为无电流流过。

小提示

注意：在电路中，二极管的正极、负极是不能接反的，否则二极管发挥不了作用。

1.3　二极管的正向偏置和反向偏置

二极管只有在正向偏置时才会导通，有电流从正极流向负极；而在反向偏置时截止，没有电流通过。二极管正向偏置是有一定条件的——正极的电压要高于负极，或者说需要一个正向电压（V_F），这样电流才能"闯过"二极管，二极管才能导通。

6.2 二极管及其极性

这个令二极管导通的正向电压（V_F）的大小与二极管材料的种类有关。二极管一般由硅（Si）或锗（Ge）半导体材料制成，使用硅材料制成的二极管称为硅管（silicon diode），而使用锗材料制成的二极管称为锗管（germanium diode）。令硅管和锗管导通的正向电压 V_F 是不一样的，硅管的正向导通电压为 0.6 ~ 0.7 V，锗管的正向导通电压为 0.2 ~ 0.3 V 具体见表 6 – 1。

表 6 – 1　二极管导通所需的正向导通电压 V_F

二极管类型	导通所需的最小正向电压 V_F/V
硅管	0.7
锗管	0.15

1.4　二极管的伏安特性

加在二极管两端的电压与流过二极管的电流之间的关系，称为二极管的伏安特性。

以具体型号 1N4148 二极管的伏安特性曲线为例，如图 6 – 4 所示，横坐标单位是伏（V），纵坐标单位是毫安（mA）。通过观察曲线图我们可以看出二极管 1N4148 正向电压 V_F 与正向电流 I_F 之间的关系：当施加在二极管 1N4148 上的正向电压 V_F 从 0 V 开始慢慢增大，在 0.7 V 之前（图 6 – 4 中箭头所指）二极管都没有导通，所以正向电流 I_F 一直接近 0 mA；当正向电压 V_F 超过 0.7 V 时，二极管正向电流 I_F 随着正向电压 V_F 的增大而快速增大。

6.3 二极管的伏安特性

这说明在二极管 1N4148 上施加的正向电压超过约 0.7 V 时，正向电流 I_F 开始形成，即二极管导通。

不同型号二极管拥有自己的伏安特性曲线，从中我们可以得到二极管的伏安特性关系：

（1）二极管导通所需的正向电压 V_F。如图 6 – 4 所示的二极管 1N4148 导通所需正向电压 V_F 约为 0.7 V。由此还可以结合表 6 – 1 来判断二极管是硅管还是锗管。

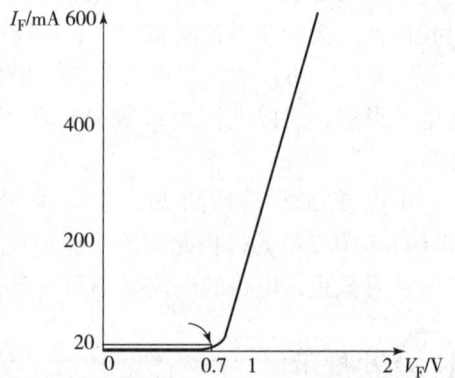

图 6 – 4　二极管 1N4148 伏安特性曲线

（2）二极管正向电流 I_F 与正向电压 V_F 之间的关系。如图 6 – 4 所示，当正向电压 V_F 为 0.7 V，对应正向电流 I_F 约为 20 mA；当正向电压 V_F 为 1 V，对应正向电流 I_F 约为 200 mA 等。

此外，从二极管的伏安特性曲线可知，当正向电流 I_F 提高后，其正向压降（正向电压 V_F）也有所增加，但变化不大，一般可认为当二极管导通时，其正向压降为恒定值 0.7 V（硅管）或 0.15 V（锗管），即与表 6 – 1 所示的二极管导通所需的正向电压 V_F 相等。可以这样理解：二极管只需要一个小小的正向电压即可以导通，导通以后的二极管相当于一个导体。

小提示

二极管正向偏置时，一开始，正向电流 I_F 非常小（几乎为 0），直到正向电压 V_F 高于 0.7 V（硅管）或 0.2 V（锗管）之后，正向电压 V_F 的很小变化都会造成正向电流 I_F 的急剧改变。而二极管反向偏置时，反向电流 I_R 极小而忽略不计。

1.5　二极管的技术文档

使用二极管时，需要认真仔细阅读相关的使用技术文档。以威世公司的 1N4001 常用二极管为例说明二极管的参数，如图 6-5 所示。

二极管封装与外观

主要参数

DO-204AL (DO-41)

平均正向电流 $I_{F(AV)}$

最大反向电压 V_{RRM}

极限参数

主要特征：
低正向管压降；
低漏电流；
抗冲击电流能力

FEATURES
- Low forward voltage drop
- Low leakage current
- High forward surge capability
- Solder dip 275 °C max. 10 s, per JESD 22-B106
- Compliant to RoHS Directive 2002/95/EC and in accordance to WEEE 2002/96/EC

Pb
e3
RoHS
COMPLIANT

典型应用

TYPICAL APPLICATIONS
For use in general purpose rectification of power supplies, inverters, converters and freewheeling diodes application.
Note
- These devices are not AEC-Q101 qualified.

MECHANICAL DATA
Case: DO-204AL, molded epoxy body
Molding compound meets UL 94 V-0 flammability rating
Base P/N-E3 - RoHS compliant, commercial grade
Terminals: Matte tin plated leads, solderable per J-STD-002 and JESD 22-B102
E3 suffix meets JESD 201 class 1A whisker test
Polarity: Color band denotes cathode end

二极管型号：
1N4001~1N4007

PRIMARY CHARACTERISTICS	
$I_{F(AV)}$	1.0 A
V_{RRM}	50 V to 1000 V
I_{FSM} (8.3 ms sine-wave)	30 A
I_{FSM} (square wave t_p = 1 ms)	45 A
V_F	1.1 V
I_R	5.0 μA
T_J max.	150 °C

MAXIMUM RATINGS (T_A = 25 °C unless otherwise noted)									
PARAMETER		SYMBOL	1N4001	1N4002	1N4003	1N4004	1N4005	1N4006	1N4007	UNIT
Maximum repetitive peak reverse voltage		V_{RRM}	50	100	200	400	600	800	1000	V
Maximum RMS voltage		V_{RMS}	35	70	140	280	420	560	700	V
Maximum DC blocking voltage		V_{DC}	50	100	200	400	600	800	1000	V
Maximum average forward rectified current 0.375" (9.5 mm) lead length at T_A = 75 °C		$I_{F(AV)}$	1.0							A
Peak forward surge current 8.3 ms single half sine-wave superimposed on rated load		I_{FSM}	30							A
Non-repetitive peak forward surge current square waveform T_A = 25 °C (fig. 3)	t_p = 1 ms	I_{FSM}	45							A
	t_p = 2 ms		35							
	t_p = 5 ms		30							
Maximum full load reverse current, full cycle average 0.375" (9.5 mm) lead length T_L = 75 °C		$I_{R(AV)}$	30							μA
Rating for fusing (t < 8.3 ms)		I^2t (1)	3.7							A²s
Operating junction and storage temperature range		T_J, T_{STG}	- 50 to + 150							°C

图 6-5　二极管 1N4001 技术文档

1. 最大反向电压 V_{RRM}

如果施加在二极管上的反向电压 V_R 超过了最大反向电压时会击穿二极管。不同型号的二极管所能承受的最大反向电压不同，二极管 1N4001、1N4002、1N4003、1N4004、1N4005、1N4006、1N4007 的最大反向电压 V_{RRM} 分别为 50 V、100 V、200 V、400 V、600 V、800 V、1 000 V。

2. 平均正向电流 $I_{F(AV)}$

该参数描述的是二极管所能承受的正向电流的平均值，不同型号的器件所能承受的最大

平均正向电流 $I_{F(AV)}$ 不同。如二极管 1N4001 ~ 1N4007 的平均正向电流 $I_{F(AV)} = 1.0$ A，说明通过 1N4001 ~ 1N4007 的平均正向电流不能持续超过 1.0 A，否则器件将会烧毁。

3. 正向电压 V_F

该参数一般描述的是当通过二极管的电流达到平均正向电流 $I_{F(A)}$ 时对应的二极管正向电压 V_F 的大小。如果二极管 1N4001 ~ 1N4007 通过的正向电流为 1.0 A 时，根据图 6 - 5 所示正向电压 $V_F = 1.1$ V。

小提示

为了适应各种场合的需要，不同型号的二极管其最大反向电压 V_{RRM}、平均正向电流 $I_{F(AV)}$、正向电压 V_F 等参数不尽相同。二极管选型时，要保证施予它的反向电压 V_R、正向电流的平均值不要超过其技术文档中规定的极限。

1.6 三极管

三极管是一种用于放大或开关信号的半导体器件。三极管一般有 3 个引脚，它们是：B—基极（base）、C—集电极（collector）、E—发射极（emitter）。三极管的外形、结构和符号如图 6 - 6 所示。三极管的文字符号国外一般用字母"QR"或"Q"表示，国内一般用"VT"式"V"标记。三极管根据内部结构的不同分为 NPN 型和 PNP 型两个大类。需要特别注意的是图 6 - 6 中两类三极管电路符号中代表电流方向的箭头指向不同，NPN 型的三极管箭头指向 E 极，而 PNP 型的箭头指向 B 极。

6.4 三极管

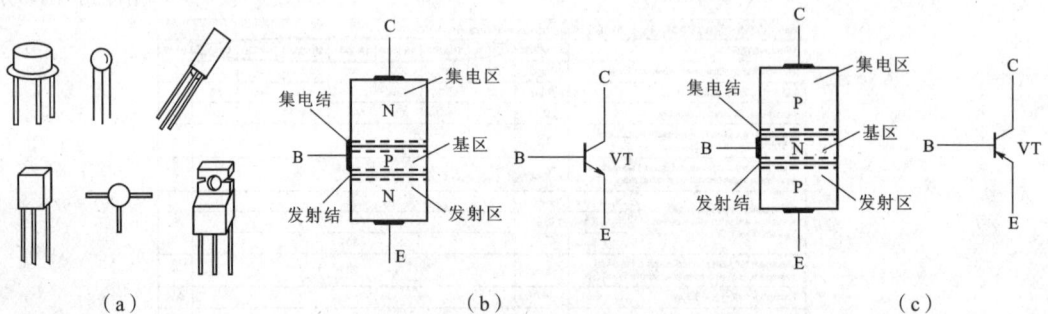

图 6 - 6 三极管外形、结构和符号
(a) 外形；(b) NPN 管结构和符号；(c) PNP 管结构和符号

6.5 万用表测三极管极性

小提示

就像二极管的正极和负极不能接反一样，三极管的 B 极、C 极、E 极引脚在使用时也不能混用，否则轻则导致电路无法正常工作，重则烧毁三极管本身或其他器件。如果拿到一个陌生的三极管而不确定 B 极、C 极、E 极时，我们可以上网搜索相应三极管的数据手册或利用万用表测量。

1.7 三极管的 3 个直流特性

1.7.1 三极管的直流增益

三极管电流放大电路如图 6 – 7 所示。

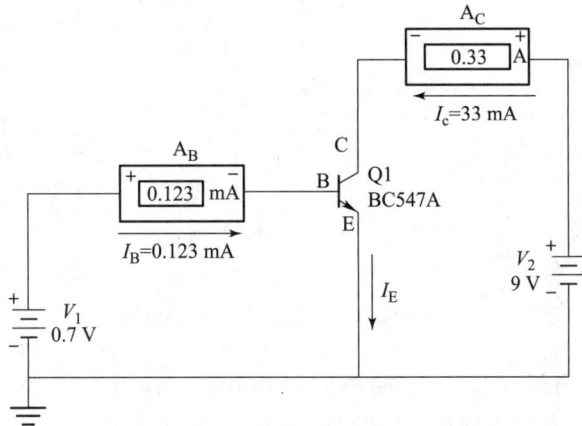

图 6 – 7 三极管电流放大电路

电流表 A_B 测量的是三极管 B 极电流，$I_B = 0.123$ mA；而电流表 A_C 测量的是三极管 C 极电流，$I_C = 33$ mA，可知 I_C 约为 I_B 的 268 倍。三极管把 B 极电流放大了 268 倍。结论是：三极管是一个具有电流放大功能的器件。

在明确了三极管具有电流放大特性之后，下面从定量的角度看看具体的放大倍数。从图 6 – 7 中可知，如果把三极管 B 极电流 I_B 看成输入电流，而把 C 极电流 I_C 看成输出电流，则三极管实现了电流的放大，其直流放大倍数（又称直流增益）可以用输出电流与输入电流之间的比值来描述：

$$\beta = \frac{I_C}{I_B} \tag{6 – 1}$$

该参数描述了三极管电流放大倍数，即三极管若获得适当的偏置，可以把 B 极电流 I_B 进行放大，在 C 极形成一个较大的电流 I_C。

从图 6 – 7 中可以看出，B 极电流 I_B 流入三极管，C 极电流 I_C 亦流入三极管，有进就有出，电流必须得从三极管的 E 极流出，形成 E 极电流 I_E。于是三极管 B 极、C 极、E 极电流形成电流关系式：

$$I_E = I_B + I_C \tag{6 – 2}$$

1.7.2 三极管输入特性

三极管输入参数是当三极管的 B – E 极正向偏置时，B – E 极之间就像一个二极管一样出现正向压降，这个 B – E 极之间的压降用 V_{BE} 来代替，有

$$V_{BE} \approx 0.7 \text{ V} \tag{6 – 3}$$

这是三极管的一个重要参数，就像二极管具有正向压降一样。如图 6 – 8 所示电路，用电源 V_{BB} 和 V_{CC} 分别给三极管 Q1 施加偏置电压，假设 V_{CC} 固定在 10 V 不变，而 V_{BB} 则从 0 V

开始升高，当三极管 Q1 的 B 极电压 V_B 达到约 0.7 V 时，也就是 V_{BE} 达到 0.7 V 时三极管 Q1 导通，C 极电流 I_C 开始变大。如果 V_{BB} 的电压继续升高，B 极电流 I_B 也随之变大，自然 C 极电流 I_C 继续变大。

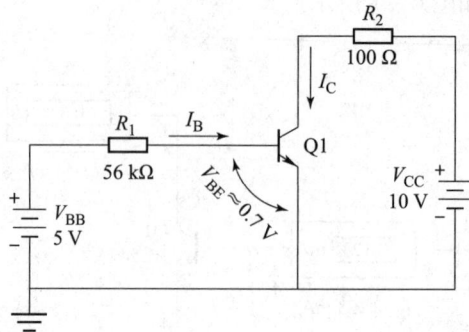

图 6-8　三极管输入参数研究电路

三极管输入关系曲线（$I_B - V_{BE}$ 曲线）可以用图 6-9 来描述，在 V_{BE} 没有达到 0.7 V 以前，B 极电流 I_B 小到可以忽略。但是 V_{BE} 达到 0.7 V 以后，此时基极电流 I_B 明显增大，说明三极管导通。

1.7.3　三极管输出特性

上述探究了三极管的输入参数 $V_{BE} \approx 0.7$ V，有输入参数就应该有输出参数，此处探究有关三极管输出参数的内容。如图 6-10 所示电路，如果使用三极管 Q1 的 C 极作为输出，分析三极管 V_{CE} 和 I_C 的关系曲线。

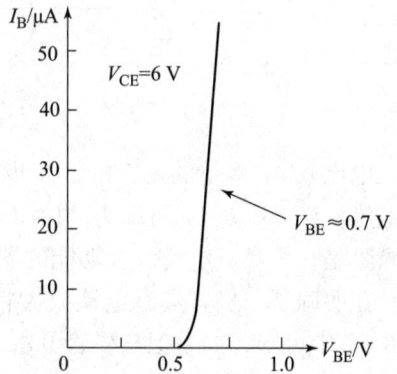

图 6-9　三极管输入特性曲线

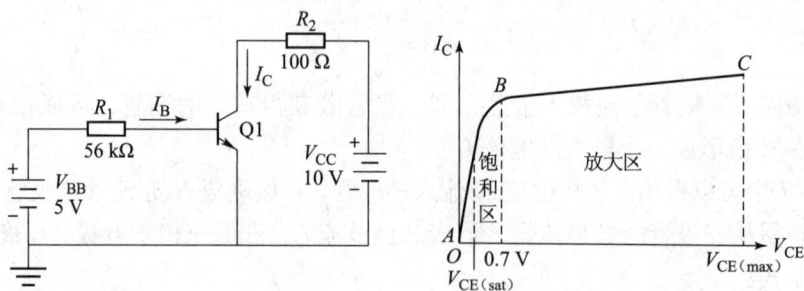

图 6-10　$I_C - V_{CE}$ 的关系曲线

一开始 V_{CC} 为 0 V，此时三极管 Q1 的 B-E 极间和 B-C 极间都是正向偏置（B 极电压比 C 极、E 极都高），并且三极管 C 极电压 V_C、E 极电压 V_E 都为 0 V。如果 V_{CC} 增大，V_{CE} 也因 C 极电流 I_C 的变大而增大，图 6-10 中 A-B 段反映了这个过程。V_{CC} 继续变大，只要在 V_{CE} 还没有到 0.7 V 之前，I_C 都在随着 V_{CE} 的增大而增加。

在 $A-B$ 段，三极管 Q1 的 B－E 极间和 B－C 极间一直都保持正向偏置，这段时间三极管处于饱和状态，这个区域就是三极管开关处于闭合时的状态。

在理想情况下，当 V_{CE} 超过 0.7 V 之后，三极管的 B－C 极间变成了反向偏置（B 极电压小于 C 极电压），三极管进入线性工作区，或者说三极管处于放大状态。在放大状态的三极管，如图 6－10 所示，如果 I_B 不变，虽然 V_{CE} 继续增大，I_C 也只有较小的增加，也就是在放大区，前面讲到的式（6－1）才成立。

![小提示]
小提示

若 V_{CE} "疯狂地" 变大而超过了 $V_{CE(max)}$，三极管就会被击穿，所以在任何时候都不要让 V_{CE} 超过 $V_{CE(max)}$ 这个极限。

在三极管的 B 极电流 I_B 固定在某一固定数值时获得图 6－10 所示曲线。通过改变 V_{BB} 而使 I_B 在不同数值间变化，将得到一系列 I_C-V_{CE} 关系曲线，如图 6－11 所示。当 $I_B=0$ 时，三极管就处于截止状态，I_C 只有非常微小的漏电流，这个区域就是三极管开关处于断开时的状态。此外，除去饱和区和截止区，剩下部分为放大区，这是放大器工作时三极管的状态所在。

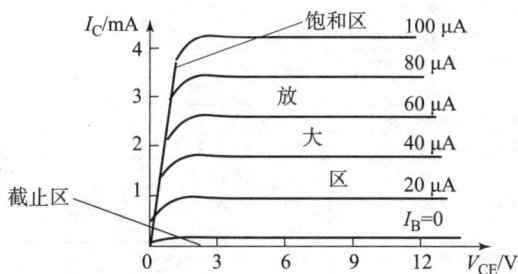

图 6－11 三极管的输出特性曲线

1.8 三极管的技术文档

作为三极管的使用者，我们需要详细查阅三极管技术文档，了解相关二极管技术参数。这里以长电科技公司的 2N3904 三极管为例说明三极管主要参数，如图 6－12 所示。

![小提示]
小提示

三极管 2N3904 极限参数（maximum rating）反映了三极管极间电压的最大值、C 极电流持续最大值、使用及储藏温度等信息。这些参数是三极管 2N3904 的 "生命线"，如果在使用中超过这些极限，那三极管就会损坏。其中表中的 V_{CEO}、V_{CBO}、V_{EBO} 参数下标中的 "O" 代表参数是在 B 极开路（open）情况下获得的。

三极管常规应用：
一般用于放大开关

NPN型一般用途三极管

三极管常规封装

2N3904

TRANSISTOR (NPN)

TO-92

FEATURE

- NPN silicon epitaxial planar transistor for switching and Amplifier applications
- As complementary type, the PNP transistor 2N3906 is Recommended
- This transistor is also available in the SOT-23 case with the type designation MMBT3904

1. EMITTER
2. BASE
3. COLLECTOR

三极管引脚判别

1. 发射极；2. 基极；3. 集电极

三极管
极限参数

MAXIMUM RATINGS (Ta=25℃ unless otherwise noted)

C–B极间电压
C–E极间电压
E–B极间电压
持续C极电流
最大功耗

Symbol	Parameter	Value	Unit
V_{CBO}	Collector-Base Voltage	60	V
V_{CEO}	Collector-Emitter Voltage	40	V
V_{EBO}	Emitter-Base Voltage	6	V
I_C	Collector Current -Continuous	0.2	A
P_C	Collector Power Dissipation	0.625	W
T_J	Junction Temperature	150	℃
T_{stg}	Storage Temperature	-55-150	℃

三极管
电气参数

ELECTRICAL CHARACTERISTICS (Ta=25℃ unless otherwise specified)

直流增益

C–E极间饱
和电压

Parameter	Symbol	Test conditions	Min	Typ	Max	Unit
Collector-base breakdown voltage	$V_{(BR)CBO}$	I_C=10μA, I_E=0	60			V
Collector-emitter breakdown voltage	$V_{(BR)CEO}$	I_C= 1mA , I_B=0	40			V
Emitter-base breakdown voltage	$V_{(BR)EBO}$	I_E= 10μA, I_C=0	6			V
Collector cut-off current	I_{CBO}	V_{CB}=60V, I_E=0			0.1	μA
Collector cut-off current	I_{CEO}	V_{CE}= 40V, I_B=0			0.1	μA
Emitter cut-off current	I_{EBO}	V_{EB}= 5V, I_C=0			0.1	μA
DC current gain	h_{FE1}	V_{CE}=1V, I_C=10mA	100		400	
	h_{FE2}	V_{CE}=1V, I_C=50mA	60			
	h_{FE3}	V_{CE}=1V, I_C=100mA	30			
Collector-emitter saturation voltage	$V_{CE(sat)}$	I_C=50mA, I_B=5mA			0.3	V
Base-emitter saturation voltage	$V_{BE(sat)}$	I_C=50mA, I_B=5mA			0.95	V
Transition frequency	f_T	V_{CE}=20V,I_C=10mA,f=100MHz	300			MHz
Delay Time	t_d	V_{CC}=3V,V_{BE}=0.5V,			35	ns
Rise Time	t_r	I_C=10mA,I_{B1}=1mA			35	ns
Storage Time	t_s	V_{CC}=3V, I_C=10mA			200	ns
Fall Time	t_f	I_{B1}=I_{B2}=1mA			50	ns

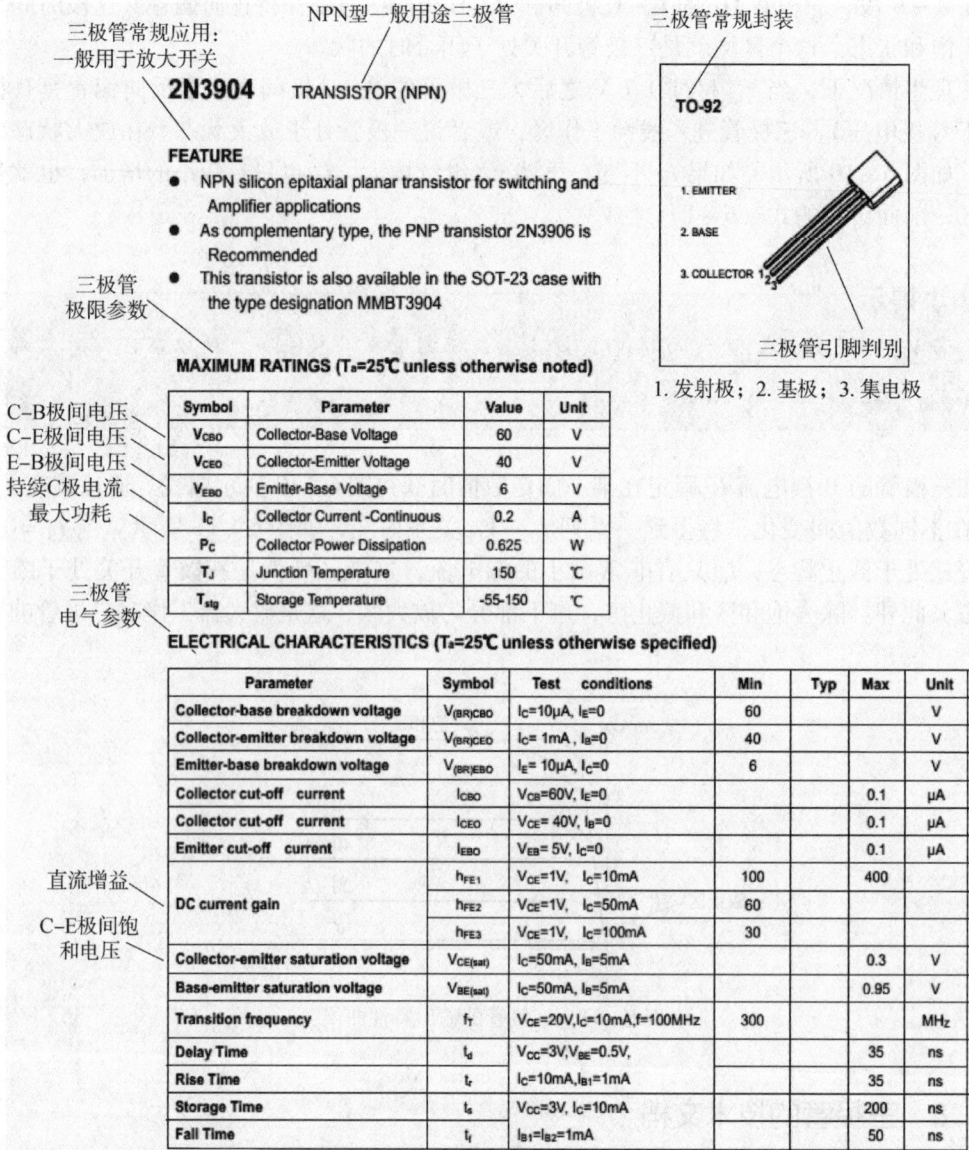

图 6-12　三极管 2N3904 技术文档

任务 2　声光报警电路工作原理分析

　　三极管主要有两种用途：一是放大器，二是开关。放大器利用三极管工作在放大区的特性，而开关利用的则是三极管工作在饱和区和截止区的特性。在学习和设计时，千万不要混淆放大器和开关中三极管所处的工作状态。

　　声光报警电路主要利用三极管的开关作用。三极管开关是利用三极管工作在截止区（断开）和饱和区（闭合）特性的电子开关，这与三极管放大区截然不同。如图 6-13 所示，主要思路：三极管 Q1 的 C 极接一个发光二极管 D1，为了使发光二极管点亮，电路的参数要达到一定的条件才行，利用前面的知识，只要给三极管 B 极一个约 0.7 V 的偏置电压 V_{BE}，三极管的 C 极和 E 极之间就开始导通，使电源、发光二极管 D1，三极管 C – E 极间构成一个回路，于是形成电流，完成声光报警功能。

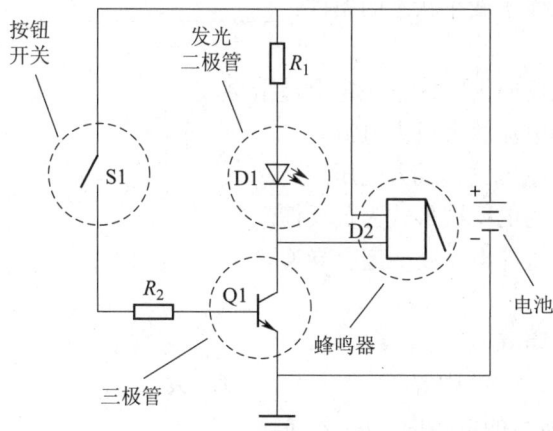

图 6 – 13 声光报警电路原理分析

小提示

三极管导通条件：

三极管 B – E 极间偏置电压需保证 $V_{BE} = 0.7$ V。就像二极管需要一个约 0.7 V 的正向电压才会导通一样，要想让三极管导通，则需要给 B 极一个偏置电压 V_{BE}，且 V_{BE} 不能小于 0.7 V。

记忆口诀：三极管导通需牢记，B、E 之间零点七。

声光报警电路工作原理：当开关 S1 未闭合时，三极管 Q1 的 B – E 极间因没有获得正向偏置而截止，此时，理论上三极管的 C – E 极间相当于断开，没有电流通过，所以 $I_B = 0$，$I_C = 0$，即负载发光二极管 D1 和蜂鸣器 D2 都不工作。当开关 S1 按下，很显然三极管 Q1 的 B – E 极在电池电压作用下获得正向偏置，满足三极管导通的条件，从而三极管闭合导通，若 I_B 足够大的话就可以令三极管工作于饱和区，I_C 达到饱和值。于是电流顺利流过发光二极管 D1 和蜂鸣器 D2，形成电流回路，完成声光报警功能。

项目自测

一、填空题

1. 二极管最重要的特性是_____。

2. 常用的半导体材料有_____和_____。

3. 加在二极管上的正向电压大于死区电压时，二极管_____；加反向电压时，二极管_____。

4. 物质按导电能力强弱可分为_____、_____和_____。

5. 晶体三极管有两个 PN 结，分别是 _____ 和 _____，分三个区域 _____、_____ 和 _____。晶体管的三种工作状态是 _____、_____ 和 _____。

6. 半导体三极管工作于放大状态的条件：_____、_____。

7. 半导体三极管工作于饱和状态的条件：_____、_____。

8. 半导体三极管工作于截止状态的条件：_____、_____。

二、判断题

1. 二极管若工作在反向击穿区，一定会被击穿。　　　　　　　　　　　（　　）

2. 晶体管可以把小电流放大成大电流。　　　　　　　　　　　　　　（　　）

3. 晶体管可以把小电压放大成大电压。　　　　　　　　　　　　　　（　　）

4. 放大电路一般采用的反馈形式为负反馈。　　　　　　　　　　　　（　　）

5. 二极管两端加上正向电压就一定会导通。　　　　　　　　　　　　（　　）

三、选择题

1. 二极管的反向电阻（　　）。

A. 小　　　　　　　B. 中等　　　　　　　C. 大　　　　　　　D. 为零

2. 在如题图 6-1 所示的电路中，U_o 为（　　）。

A. -12 V　　　　　　　B. -9 V

C. -3 V　　　　　　　D. +3 V

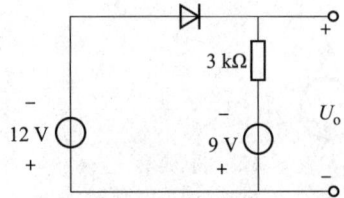

题图 6-1

3. 晶体管三极管的控制方式是（　　）。

A. 输入电流控制输出电流

B. 输入电压控制输出电压

C. 输入电压控制输出电流

D. 输入电流控制输出电压

4. 半导体二极管的主要特点是具有（　　）。

A. 电流放大作用　　　　　　　B. 电压放大作用

C. 单向导电性　　　　　　　D. 阻抗放大作用

5. 测得 NPN 型三极管上的各电极对地电位分别为 $U_E = 2.1$ V，$U_B = 2.8$ V，$U_C = 4.4$ V，说明此三极管处在（　　）。

A. 放大区　　　　　　　B. 饱和区

C. 截止区　　　　　　　D. 反向击穿区

6. 正弦电流经过二极管整流后的波形为（　　）。

A. 矩形方波　　　　　　　B. 等腰三角形波

C. 正弦半波　　　　　　　D. 仍为正弦波

7. 三极管超过（　　）所示极限参数时，必定被损坏。

A. 集电极最大允许电流 I_{CM}　　　　　　　B. 集-射极间反向击穿电压 $V_{(BR)CEO}$

C. 集电极最大允许耗散功率 P_{CM}　　　　　　　D. 管子的电流放大倍数 β

8. 若使三极管具有电流放大能力，必须满足的外部条件是（　　）。

A. 发射结正偏、集电结正偏　　　　　　　B. 发射结反偏、集电结反偏

C. 发射结正偏、集电结反偏　　　　　　　D. 发射结反偏、集电结正偏

四、分析题

1. 如题图 6 – 2 所示电路中，$E = 5$ V，$u_i = 10\sin\omega t$ V，二极管为理想元件，试画出 u_o 的波形。

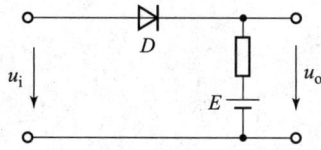

题图 6 – 2

2. 分析图 6 – 1 声光报警电路图的工作原理。

项目七

直流稳压电源

项目导读

当今社会的人们极大地享受着电子设备带来的便利，但是任何电子设备都有一个共同的装置——电源。我们生活中用到的所有电子设备都必须有电源电路才能正常工作。电池作为最常见的电源常常应用在手机、MP3 播放机等便携式低功耗的仪器设备中。另外有一大类直流稳压电源为电子装置提供稳定的直流电压，尤其是把 220 V AC（市电）经过处理后输出低压直流电压给电路供电，如手机充电器、计算机等。

案例引入

直流稳压电源的基本功能是：当电网电压波动或负载发生变化时，也能输出稳定的直流电压。学习此项目可以熟练地掌握直流电源的制作技术，有利于电子技术知识的巩固及能力的提高。直流稳压电源如图 7-1 所示，一般可以分为线性电源和开关电源。

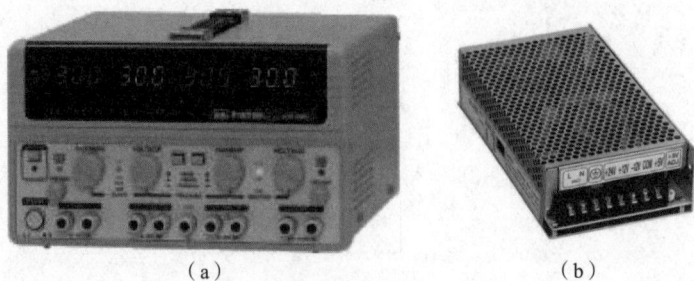

（a）　　　　　　　　　　　（b）

图 7-1　直流稳压电源

（a）线性电源；（b）开关电源

直流稳压电源的作用：

（1）把交流市电转换为低压直流；

（2）使输出直流电压稳定（其中稳定具体包括，受电网电压的变化影响小、受负载的变化影响小、"干净"的直流）；

（3）保证功率和效率。

项目目标

（1）了解变压器的结构、工作原理；

（2）掌握直流稳压电源的组成及各部分作用；

（3）掌握整流电路的组成及作用；

（4）掌握滤波电路的组成及作用；

（5）掌握稳压电路的组成及作用。

任务 1　直流稳压电源的电路组成

直流稳压电源电路：主要由电源变压器、整流电路、滤波电路和稳压电路四部分组成，如图 7 - 2 所示。

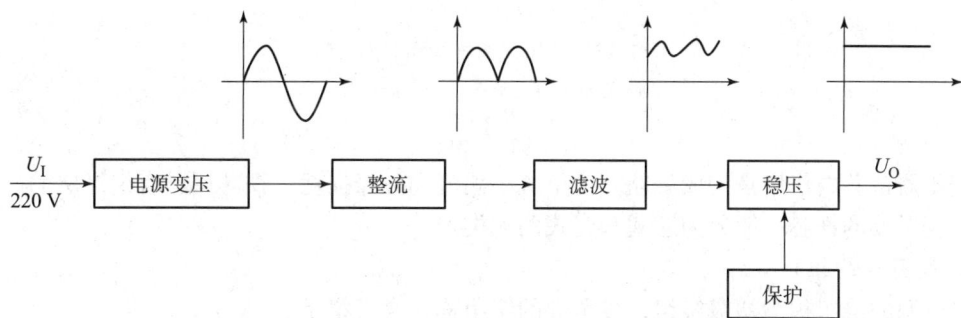

图 7 - 2　直流稳压电源的组成

（1）电源变压器的作用是将电网电压变为所需要的交流电源，并起到直流电源与电网的隔离作用。

（2）整流电路的作用是将交流电压变为脉动的直流电压，这样的过程称为整流。

（3）滤波电路的作用是滤除掉直流电中的交流成分。

（4）稳压电路的作用是当输入电压、负载和环境温度变化时，能自动调节输出直流电压保持不变。

任务 2　直流稳压电源的工作原理

2.1　变压器

2.1.1　变压器简介

变压器可将某一交变电压转换成同频的另一电压，其专门用于变换交流信号的电压。变压器主要由铁芯和线圈（又称绕组）组成。变压器的结构和图形符号如图 7 – 3 所示。

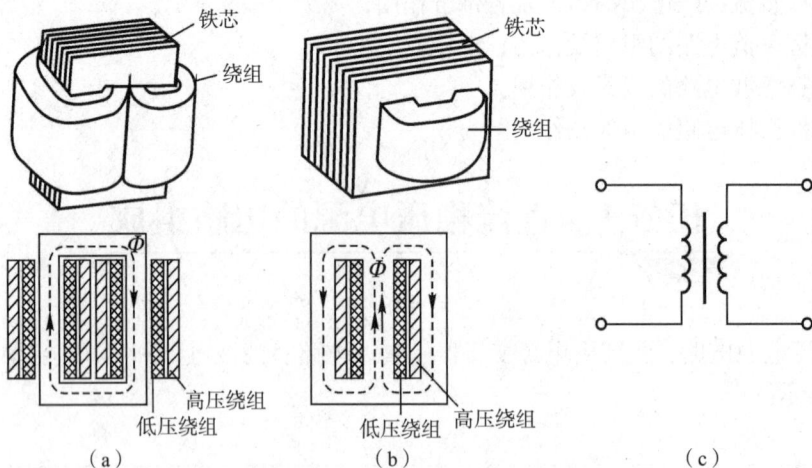

图 7 – 3　变压器的结构和图形符号

(a) 芯式；(b) 壳式；(c) 图形符号

1. 铁芯

变压器铁芯的作用是构成磁路。为了减小涡流和磁滞损耗，铁芯用具有绝缘层的硅钢片叠成。变压器的铁芯一般分为芯式和壳式两大类。

2. 线圈（绕组）

接电源的绕组称为初级绕组，接负载的绕组称为次级绕组。

图 7 – 4 所示为一个电源变压器，正规厂家会在变压器外壳上贴一个铭牌，上面标明该变压器的输入电压（初级管脚）、输出电压（次级管脚）、额定功率、工作频率等信息。图 7 – 4 所示的变压器是一个将 220 V AC（初级）降成 9 V AC（次级）的电源变压器。如果把初级管脚接到 220 V AC 中，可从次级管脚检测到约 9 V AC 的电压。

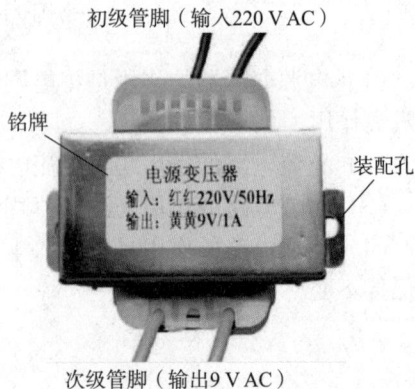

图 7 – 4　电源变压器（单绕组）

2.1.2　变压器的变压原理

为了分析问题方便，我们将互相绝缘的两个绕组分别画在两个铁柱上。与电源相连的绕组称为初级绕组（或称一次绕组、原绕组、原边），与其有关的各个物理量均标有下标 1。与负载相连的绕组称为次级绕组（或二次绕组、副绕组、副边），与其有关的各个物理量均标有下标 2。变压器的初级线圈和次级线圈两端的电压之比等于线圈的匝数比，其公式为

$$\frac{U_1}{U_2} = \frac{N_1}{N_2} \qquad (7-1)$$

式中，U_1 为初级线圈的两端电压；U_2 为次级线圈两端电压；N_1 为初级线圈匝数；N_2 为次级线圈匝数。

变压器之所以能变换电压，主要是利用互感的原理。当初级绕组接上交流电源后，交变电流即在铁芯中产生交变磁场，磁感线绝大部分都在闭合的铁芯中通过。磁感线不光在初级绕组中产生感应电动势，而且由于磁感线穿过次级绕组，从而也在次级绕组中产生感应电动势，如图 7 - 5 所示。由此可见，变压器是利用电磁感应原理，将能量从一个绕组传输到另一个绕组而进行工作的。

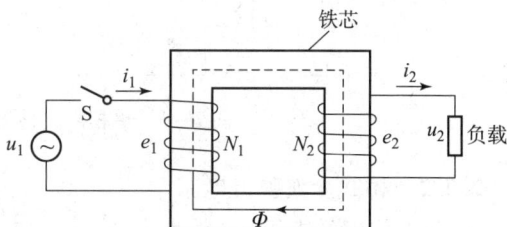

图 7 - 5　变压器工作原理图

小提示

变压器的特点是对交流信号进行变换，而对直流信号不起作用，所以不能用变压器变换电池电压。因此，变压器在电路中的功能主要有三个：通交流隔直流、交流电压变换、阻抗变换。

2.2　整流电路

将交流电变成脉动直流电的过程叫作整流，能实现整流功能的电路叫作整流电路。利用半导体二极管的单向导电性可以组成各种整流电路，既简单又经济实用。

2.2.1　半波整流电路

设变压器次级绕组交流电压为

$$u_2 = \sqrt{2}U_2\sin\omega t \qquad (7-2)$$

式中，U_2 为变压器次级交流电压的有效值。

单相半波整流电路及输入、输出波形如图 7 - 6 所示，电路前端通常接有降压电源变压器 Tr，后面通常接整流二极管 VD 和负载电阻 R_L。

在 u_2 的正半波期间，变压器二次侧上端为正，下端为负，二极管因正向偏置而导通，有电流流过二极管和负载。若忽略二极管导通时的正向压降，则有 $u_L = u_2$。在 u_2 的负半波期间，变压器二次侧上端为负，下端为正，二极管因反向偏置而截止，没有电流流过负载，$u_L = 0$。

这种利用一个二极管"除去"交流信号半个周期的电路称为半波整流电路。半波整流一般在对电源要求较低的情况下才会使用，比如向设备的指示灯供电等。

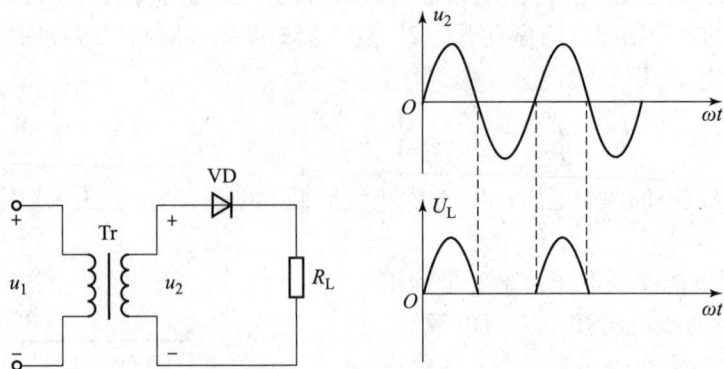

图 7 - 6 单相半波整流电路及输入、输出波形

2.2.2 桥式全波整流电路

半波整流电路很明显"浪费"了一半的信号，全波整流与它相比最大的特点是充分利用了正、负半周的信号。把正弦信号的负半周"对折"到正半周上形成单向脉动电压信号。桥式整流电路把 4 支型号相同的二极管 VD1 ~ VD4 按图 7 - 7 所示的方法连接在一起从而达到全波整流的效果。

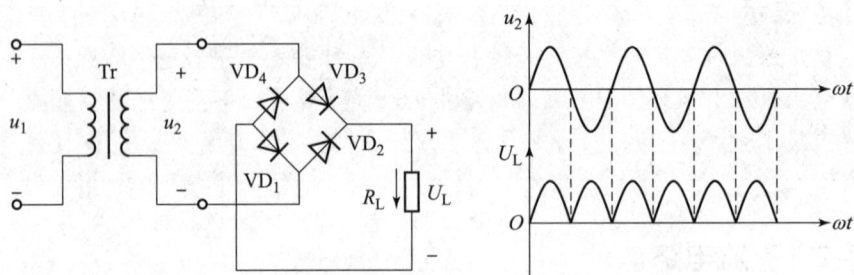

图 7 - 7 桥式全波整流电路及输入、输出波形

当正弦信号正半周时，如图 7 - 8 （a） 所示，A 点相对 B 点来说电压为正，于是电流从 A 点出发，流经二极管 D2、负载电阻 R_1、二极管 D4，之后回到 B 点，电流形成一个回路（如图 7 - 8 中箭头所示），负载 R_1 上正下负且波形与变压器次级输出波形接近。

当正弦信号负半周时，如图 7 - 8 （b） 所示，B 点相对 A 点来说电压为正，于是电流从 B 点出发，流经二极管 D3、负载电阻 R_1、二极管 D1，之后回到 A 点，电流形成一个回路（如图 7 - 8 中箭头所示），负载 R_1 上正下负且波形与变压器次级输出波形正好相反。

从一个完整的正弦波来看，如图 7 - 7 所示，桥式全波整流把负半周"对折"到正半周上，与原来的正半周信号组成一个频率为原来 2 倍的单向脉动电压信号。很明显桥式全波整流充分利用了信号的正、负半周，较半波整流更具效率。

2.3 滤波电路

通过整流电路的介绍可以发现，无论哪一种整流电路都无法完全把"波"的痕迹去除干净，就算是优秀的桥式全波整流，其输出仍然是一个频率为 100 Hz 的单向脉动电压信号

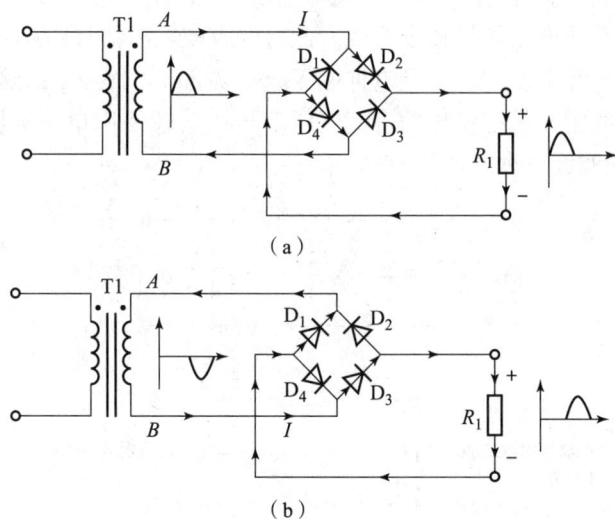

图 7 - 8　桥式全波整流电路图

（a）正半周；（b）负半周

（在市电为 50 Hz 的情况下）。于是为了获得直流电路工作所需的直流电源，还需要对整流之后的信号进行处理。如图 7 - 2 所示，全波整流之后的滤波电路滤掉了脉动成分，虽然还有一些小的波动，但是信号已经非常接近直流了。

2.3.1　储能电容滤波

储能电容滤波是一种最简单的电源滤波形式，基本工作原理是基于电容能够储存电荷，电容器两端的电压不能突变的思想。如图 7 - 9 所示，在整流全桥之后加上了一个滤波电容 C_1。整流全桥输出的单向脉动电压信号在上升段给电容 C_1 充电，由于充电回路电阻很小，电容充电速度很快。而在其下降时电容 C_1 向负载 R_1 放电，由于放电回路电阻很大，电容放电速度较慢，从而波形变得平滑，即相当于滤波之后输出了一个直流电压信号。

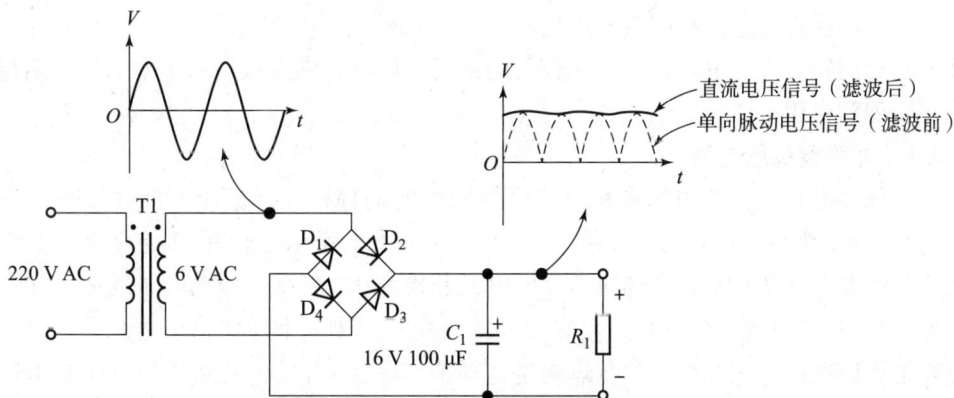

图 7 - 9　储能电容滤波

2.3.2　π 型滤波

除了储能电容滤波电路外，常常还会使用如图 7 - 10 所示的两种 π 型滤波电路，之所

以叫 π 型滤波电路是因为两个电容 C_1、C_2 与电感 L_1 或电阻 R_1 呈"π"型排列。电容 C_1 实现了储能电容滤波，直流电压信号初步形成。此时的直流电压信号中还有一些小的波动，而电感 L 的特性是阻止电流的变化，于是它抑制了这些波动。电容 C_2 的隔直通交特性把最后少量交流信号导到地线中，最终输出的直流电压信号质量较使用单纯的储能电容滤波的好。图 7－10（b）所示的滤波原理与此类似。

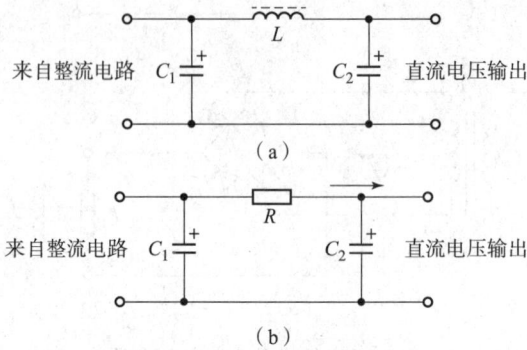

图 7－10　π 型滤波
（b）电感式；（b）电阻式

图 7－10（a）中的电感 L 在滤波电路中有个专门的名字叫扼流圈（choke coil），有"扼制交流"的意思，它是把漆包线绕制在铁氧体环上而成。这种扼流圈还常常用在某些高质量的信号线中，如常用的 USB 线上就有密封的扼流圈起到抑制噪声的作用。

图 7－10（b）中的电阻 R 与负载是串联的关系，当有电流通过时势必会分压。所以电阻 R 的阻值应该远远小于负载的输入阻抗，一般 R 的阻值可以选用 $1\ \Omega$、$2\ \Omega$ 等。

2.4　稳压电路

许多自动控制装置需要用稳定性非常高的直流电源，而经过整流和滤波后得到的直流电压易受到电网电压的波动、负载和环境温度变化的影响而发生变化。因此，需要在滤波后加上稳压电路才能获得稳定性高的直流电压。

需要注意的是：稳压电路是一个比较大的话题，内容非常庞杂，所以本书只介绍稳压电路的一些原理和常用电路。

2.4.1　并联型稳压电路

并联型稳压电路主要利用的是稳压二极管的反向偏置特性。稳压二极管又叫"齐纳二极管"，是一种工作在反向击穿状态的二极管。图 7－11 所示为稳压二极管的伏安特性曲线。当反向偏置电压从 0 开始增加时，反向电流开始为 0。当反向偏置电压继续增加达到击穿电压 U_Z 时，反向电流突然陡增，就好像稳压二极管变成一个导体，让电流大量通过。稳压二极管工作原理：稳压二极管的特点就是达到击穿电压 U_Z 后，其两端的电压基本保持不变。这样，当把稳压管接入电路以后，若由于电源电压发生波动或其他原因造成电路中各点电压变动时，负载两端的电压将基本保持不变，这就是"稳压"的由来。

并联型稳压电路主要由电阻 R、稳压二极管 VZ、负载电阻 R_L 组成。电阻 R 称为限流电阻，它的作用是限制流过稳压管的电流，使之不要超过 I_{ZMAX}，具体电路如图 7－12 所示。

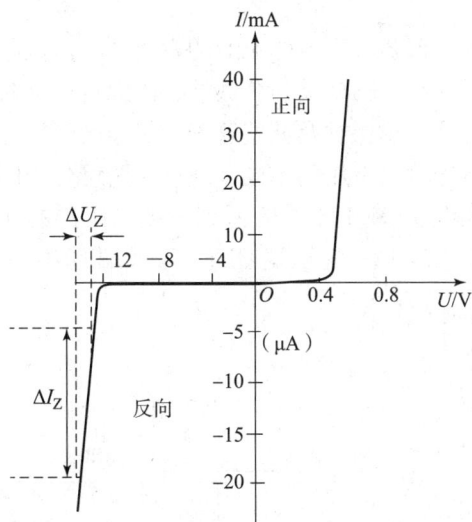

图 7 - 11　稳压二极管特性曲线

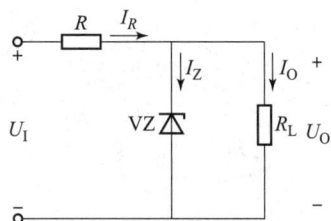

图 7 - 12　并联型稳压电路

无论是负载变化还是电网电压变化，稳压电路都能通过一系列调节，使负载两端电压 U_O 保持不变。它的稳压原理通过下列过程来说明。

电网电压升高：$U_I \uparrow \rightarrow U_O \uparrow \rightarrow I_Z \uparrow \rightarrow I_R \uparrow \rightarrow U_R \uparrow \rightarrow U_O \downarrow$；

电网电压降低：$U_I \downarrow \rightarrow U_O \downarrow \rightarrow I_Z \downarrow \rightarrow I_R \downarrow \rightarrow U_R \downarrow \rightarrow U_O \uparrow$；

负载增加：$R_L \uparrow \rightarrow U_O \uparrow \rightarrow I_Z \uparrow \rightarrow I_R \uparrow \rightarrow U_R \uparrow \rightarrow U_O \downarrow$；

负载减小：$R_L \downarrow \rightarrow U_O \downarrow \rightarrow I_Z \downarrow \rightarrow I_R \downarrow \rightarrow U_R \downarrow \rightarrow U_O \uparrow$。

2.4.2　简单的串联线性稳压电源

虽然选择不同系列的稳压二极管可以提高稳压电路的电流驱动能力，但是用稳压管实现的稳压电路的典型缺点就是带负载能力差以及输出电压不可调。于是为了提高带负载能力，在输出端加一射极跟随器，可实现提供更大电流的稳压电路，如图 7 - 13 所示。由于利用的是三极管 E 极形成一个跟随器，所以这种电路也被称为射极跟随器稳压电路。

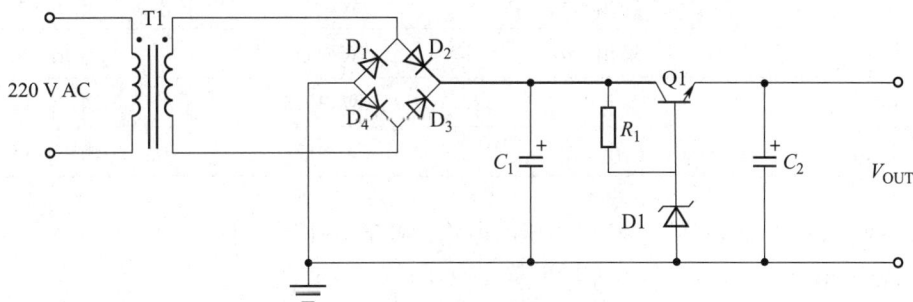

图 7 - 13　射极跟随器稳压电路

图 7 - 13 中，由于三极管 Q1 的 B 极电压被稳压二极管 D1 固定，而三极管的 V_{BE} 一定（典型值 0.7 V），所以电源的输出电压 V_{OUT} 就能保持恒定。由于三极管 Q1 的 C - E 极与负载是串联的关系，所以驱动负载所需电流就由三极管 Q1 提供。大功率三极管具有过大电流的能力（几安到几十安），可以用于射极跟随器稳压电路。

2.4.3 集成电路稳压器

稳压电路可以由分立的电子元件搭建而成，但随着半导体工业的发展，稳压电路制成了集成器件。这类器件一般有三个引线端，即输入端、输出端、公共端，因此也被称为三端集成电路稳压器。它的内部设置了过流保护、芯片过热保护及调整管安全工作区保护电路，使用起来安全、方便，性能稳定且价格便宜。按照输出电压的不同，稳压电路可分为固定式稳压电路（78 系列、79 系列）和可调式稳压电路（LM317）。78 系列三端稳压器的外观及管脚排布如图 7-14 所示，其三个管脚分别为输入端 IN、输出端 OUT、公共端 GND。

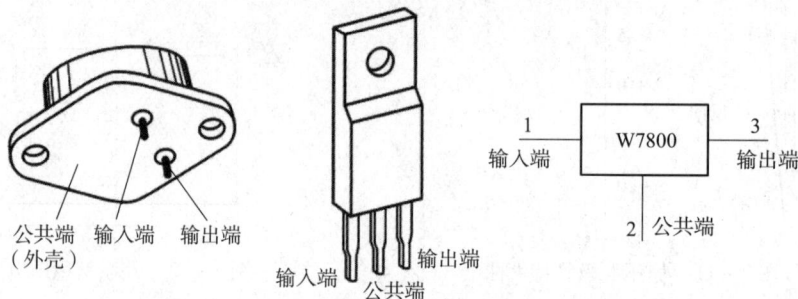

图 7-14 三端集成电路稳压器

> **小提示**
>
> 三端集成稳压器管脚排列是不同的，如果接错了就有可能烧坏器件。由于集成电路稳压器一般可以输出 1~3 A 的电流，发热量比较大，所以在使用时通常都在器件背面安装散热器。

具体类型：W7800 系列——稳定正电压；W7900 系列——稳定负电压。

表 7-1　常用稳压器型号

W7800 系列	稳定正电压/V	W7900 系列	稳定负电压/V
W7805	输出 +5	W7905	输出 -5
W7809	输出 +9	W7909	输出 -9
W7812	输出 +12	W7912	输出 -12
W7815	输出 +15	W7915	输出 -15

图 7-15 所示为输出正电压和负电压的电路，各部分作用如下：

（1）输入电压 U_1 就是整流滤波后的输出电压；

（2）电容 C_1 在输入线较长时用以旁路干扰高频脉冲；

（3）电容 C_2 用以改善输出的瞬态特性并具有消振作用。

此外，若输出电压过高且 C_2 的容量较大，必须在输入端和输出端之间跨接一个二极管，否则一旦短路 C_2 上的电压将通过内部电路放电，有击穿集成块的可能性。接上二极管后，电容可通过二极管放电。

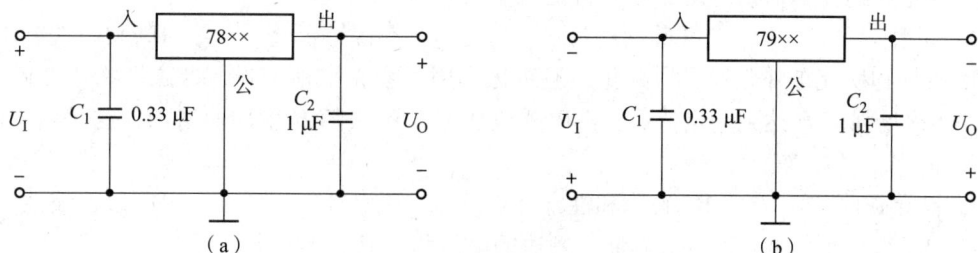

图 7 - 15　三端固定输出的稳压电路

（a）输出固定正电压；（b）输出固定负电压

如图 7 - 16 所示，三端稳压器 7812 的具体应用电路中 C_1、C_3 是低频滤波电容，可以用 1 000 μF/50 V 左右的电解电容；C_2 为高频电容，可选 0.33 μF 或者 0.1 μF 的无极性电容。

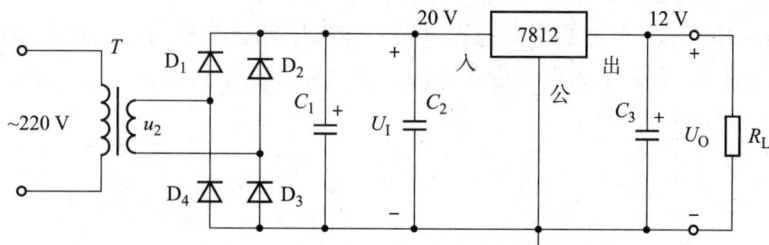

图 7 - 16　三端固定输出的稳压电路

项目自测

一、填空题

1. 直流稳压电源可由_____、_____、_____和_____四部分组成。

2. 将交流电变成脉动直流电的过程叫作_____。

3. 常见的滤波电路有_____、_____。

4. 常见的整流电路有_____和_____。

5. 稳压电路有_____、_____和_____。

二、判断题

1. 滤波电路的作用是滤除掉直流电中的交流成分。　　　　　　　　　　　　　（　　）

2. 变压器主要由绕组和线圈组成。　　　　　　　　　　　　　　　　　　　　（　　）

3. 接电源的绕组称为初级绕组，接负载的绕组称为次级绕组。　　　　　　　　（　　）

4. 稳压的过程是通过负反馈实现的。　　　　　　　　　　　　　　　　　　　（　　）

5. 集成稳压器一般有三个引线端，即输入端、输出端、公共端。　　　　　　　（　　）

6. 稳压电路可分为固定式稳压电路和可调式稳压电路。　　　　　　　　　　　（　　）

7. 集成稳压器要防止公共端开路，否则会使负载过压受损。　　　　　　　　　（　　）

三、选择题

1. 单相桥式或全波整流电路中，电容滤波后，负载电阻 R_L 平均电压等于（　　）。

A. $0.9U^2$　　　　　　　　B. $1.4U^2$　　　　　　　　C. $0.45U^2$　　　　　　　　D. $1.2U^2$

2. 制造普通变压器铁芯的磁性材料是（　　）。

A. 碳钢　　　　　　B. 硅钢片　　　　　　C. 铝镍钴合金　　　　　D. 硬磁铁氧体

3. 磁性物质能被外磁场强烈磁化，但磁化作用不会无限地增强，即磁性物质在磁化过程中，当磁场强度 H 达到一定值后，其磁感应强度 B 不再随 H 增加而增加，这是由于磁性物质存在（　　）。

A. 高导磁性　　　　B. 磁饱和性　　　　　C. 磁滞性　　　　　　D. 磁伸缩性

4. 自耦变压器的变比为 K，其原、副边的电压和电流之比分别为（　　）。

A. K、K　　　　　B. $1/K$、$1/K$　　　　C. $1/K$、K　　　　　D. K、$1/K$

四、分析题

1. 直流稳压电源的作用是什么？影响输出电压稳定的因素有哪些？

2. 若直流稳压电源接负载 $R_{L1} = 10$ kΩ，输出电压 $U_{O1} = 9.90$ V，当接 $R_{L2} = 20$ kΩ 时，输出电压 $U_{O2} = 9.91$ V，则该稳压电源输出电阻为多大？

3. 要获得 $+15$ V、1.5 A 的直流稳压电源，应选用什么型号的固定式三端集成稳压器？

4. 要获得 -9 V、1.5 A 的直流稳压电源，应选用什么型号的固定式三端集成稳压器？

项目八

四路抢答器的分析与调试

项目导读

抢答器可用于各种知识竞赛、文娱综艺节目，除了可以把各抢答组号、违例组号、抢答规定时限、答题时间倒计时/正计时在仪器面板上显示外，还可以外接大屏幕显示给观众，既可活跃现场气氛，又便于监督，实现公平竞争。有的抢答器功能还被用在计算机游戏的抢占上，谁快谁就有奖；有的小型的抢答器可以用来训练儿童的反应能力。

案例引入

学院科技文化艺术节智力竞赛项目中需要使用到抢答器，参加竞赛的四个队伍中，只要有一队率先按下抢答器，则其后按下的队为无效，直到主持人按下复位键后下一轮竞赛才开始。对于这种在竞赛中应用广泛的抢答器，同学们有没有信心来参与它的分析制作呢？

项目目标

（1）了解常见的几种数制以及相互之间的转换；
（2）掌握逻辑函数化简方法；
（3）掌握基本逻辑门电路工作原理；
（4）理解组合逻辑电路和时序逻辑电路的分析方法；
（5）理解四路抢答器电路的工作原理。

任务 1　数字电子技术基础

电子线路处理的信号大致有两类：模拟信号和数字信号。对模拟信号进行传输和处理的

131

电路称为模拟电路,对数字信号进行传输和处理的电路称为数字电路。

模拟信号是指时间上和数值上均连续的信号,如由温度传感器转换来的反映温度变化的电信号等,最典型的模拟信号是正弦波信号。数字信号是指时间上和数值上均离散的信号,如开关位置、数字逻辑等,最典型的数字信号是矩形波。

从通俗意义上来讲,数字信号仅仅涉及两种逻辑状态:高电平和低电平。1 和 0 分别代表了数字电路的两种状态,即 1 代表高电平、0 代表低电平。如果把 1 和 0 的变化用坐标和波形的形式来表示,如图 8 - 1 所示,就得到了数字信号波形。

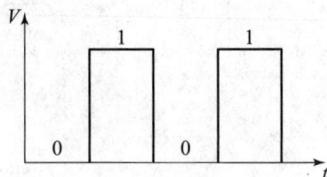

图 8 - 1　数字信号波形

1.1　数制与编码

1.1.1　几个基本概念

1. 数码

数码是能表示物理量大小的数字符号。例如,日常生活中十进制数使用的是 0、1、2、3、4、5、6、7、8、9 十个不同数码。

2. 数制

计数制的简称,表示多位数码中每一位的构成方法,以及从低位到高位的进制规则。常用的有十进制、二进制、八进制和十六进制等。

3. 权

每种数制中,数码位于不同位置,它所代表的位置的含义是不同的。各数位上数码表示的数量等于该数码与相应数位的权之乘积。例如:十进制数 123 中,"1" 表示 1×10^2,"2" 表示 2×10^1,"3" 表示 3×10^0。

1.1.2　十进制、二进制、八进制、十六进制数的表示方法

1. 十进制数

十进制数是人们在日常生活中最熟悉的一种数制,它由 0、1、2、3、4、5、6、7、8、9 十个数码构成,按 "逢十进一" "借一当十" 的原则计数,10 是它的基数。任一个十进制数都可以用加权系数展开式来表示,n 位整数十进制数用加权系数展开式表示,可写为

$$(N)_{10} = a_{n-1}a_{n-2}\cdots a_1 a_0 = a_{n-1} \times 10^{n-1} + a_{n-2} \times 10^{n-2} + \cdots + a_1 \times 10^1 + a_0 \times 10^0$$

式中,$(N)_{10}$ 的下标 10 表示十进制数。

例如:$(185)_{10} = 1 \times 10^2 + 8 \times 10^1 + 5 \times 10^0$

其中,10 称为基数,即所用数码的数目;10^2、10^1、10^0 称为该位的权,它是根据各个数码在数中的位置得到的,且都是基数 10 的整数次幂。

2. 二进制数

二进制数中只有 0 和 1 两个数码,按 "逢二进一" "借一当二" 的原则计数,2 是它的基数,二进制数的各数位的权为 2 的幂。

例如:

$$(10111001)_2 = (1 \times 2^7 + 0 \times 2^6 + 1 \times 2^5 + 1 \times 2^4 + 1 \times 2^3 + 0 \times 2^2 + 0 \times 2^1 + 1 \times 2^0)_{10}$$
$$= (185)_{10}$$

3. 八进制数

八进制数由 0、1、2、3、4、5、6、7 八个数码构成，按"逢八进一""借一当八"的原则计数，8 是它的基数，各数位的权为 8 的幂。

例如：$(123)_8 = (1 \times 8^2 + 2 \times 8^1 + 3 \times 8^0)_{10} = (83)_{10}$

4. 十六进制数

十六进制数由 $0 \sim 9$、A、B、C、D、E、F 十六个数码构成，分别对应十进制的 $0 \sim 15$，按"逢十六进一""借一当十六"的原则计数，16 是它的基数，各数位的权为 16 的幂。

例如：$(3EC)_{16} = (3 \times 16^2 + 14 \times 16^1 + 12 \times 16^0)_{10} = (1004)_{10}$

1.1.3 数制转换

1. 非十进制数转换为十进制数

非十进制数转换为十进制数，就是把非十进制数转换为等值的十进制数。只需将非十进制数按权展开，然后各项相加，就得到相应的十进制数。

🔄 边学边练

例：将二进制数 $(10011)_2$ 转换成十进制数。

解：$(10011)_2 = (1 \times 2^4 + 0 \times 2^3 + 0 \times 2^2 + 1 \times 2^1 + 1 \times 2^0)_{10} = (19)_{10}$

例：将十六进制数 $(5A7)_{16}$ 转换成十进制数。

解：$(5A7)_{16} = 5 \times 16^2 + A \times 16^1 + 7 \times 16^0 = (1447)_{10}$

例：将八进制数 $(126)_8$ 转换成十进制数。

解：$(126)_8 = 1 \times 8^2 + 2 \times 8^1 + 6 \times 8^0 = (86)_{10}$

2. 十进制数转换为非十进制数

把十进制数转换为非十进制数，需要把十进制数的整数部分和小数部分分别进行转换，然后再将整数部分和小数部分的转换结果合并起来。

整数部分：（基数除法）十进制数的整数部分转换为非十进制数可以采用"连除法"，用欲转换的非十进制数的基数连续除该数，直到除得的商为 0 为止，每次除法所得余数作为非十进制数转换结果的系数，并取最后一位余数为最高位，依次按从下往上顺序排列。

小数部分：（基数乘法）十进制数的小数部分转化成二（八、十六）进制小数可以采用"乘二取整法"（"乘八取整法""乘十六取整法"），即用 2（8、16）去乘欲转换的十进制小数取其整数部分作为转换结果的系数，直到纯小数部分为 0 或到一定精度为止。每次乘法得到的整数作为转换结果的系数，最先得到的整数作为高位，后得到的整数作为低位，按从上往下的顺序依次排列。

✎ 小提示

整数部分的转换概括为"除 2、8、16 取余，余数倒序排列"；小数部分的转换概括为"乘 2、8、16 取整，整数顺序排列"。

边学边练

例：$(38)_{10} = (\quad)_2 = (\quad)_8 = (\quad)_{16}$

解：

```
2|38          余数0    ↑
 2|19         余数1    |
  2|9         余数1    |
   2|4        余数0    |
    2|2       余数0    |
     2|1      余数1    |
      0
```

读写顺序自下而上：100110，所以：

$(38)_{10} = (100110)_2$

同理：

```
8|38          余数6    ↑        16|38         余数6    ↑
 8|4          余数4    |         16|2         余数2    |
  0                              0
```

所以：$(38)_{10} = (46)_8 = (26)_{16}$。

3. 二进制数与八进制、十六进制数之间的转换

二进制数转换成八进制数，只需要把二进制数从低位到高位，每3位分成一组，高位不足3位时补0，写出相应的八进制数，就可以得到与二进制数对应的八进制转换值。反之，将八进制数中每一位都写成相应3位二进制数，所得到的就是与八进制对应的二进制转换值。

如$(1010001)_2 = (\underset{1}{001} \quad \underset{2}{010} \quad \underset{1}{001}) = (121)_8$

$(27)_8 = (\underset{010}{2} \quad \underset{111}{7})_8 = (10111)_2$

同理，二进制数转换成十六进制数，只需要把二进制数从低位到高位，每4位分成一组，高位不足4位时补0，写出相应的十六进制数，所得到的就是与二进制数对应的十六进制转换值。反之，将十六进制数中的每一位都写成相应的4位二进制数，便可得到十六进制数对应的二进制转换值。

如$(1010001)_2 = (\underset{5}{0101} \quad \underset{1}{0001}) = (51)_{16}$

$(27)_{16} = (\underset{0010}{2} \quad \underset{0111}{7})_{16} = (100111)_2$

1.1.4 编码

编码就是用数字或某种文字和符号来表示某一对象或信号的过程，十进制编码或某种文字和符号的编码难于用电路来实现，在数字电路中一般采用二进制数。用二进制表示十进制的编码称为二－十进制编码，又称BCD码。常见BCD码有8421码、5421码、2421码等编码方式。以8421码为例，8421分别代表对应二进制的权，即当哪一位二进制为1时，所代表的十进制为相应的权。十进制对应的8421码见表8－1。

表 8 – 1　十进制对应的 8421 码

十进制编码	8421 码	十进制编码	8421 码
0	0000	5	0101
1	0001	6	0110
2	0010	7	0111
3	0011	8	1000
4	0100	9	1001

1.2　逻辑代数及应用

1.2.1　基本逻辑门电路

逻辑门是数字电路的基本单元。一个逻辑门有一个输出端和一个或多个输入端。输出端只有 1 或 0 两种状态，或者说只有高电平和低电平两种状态，这取决于输入的信号和逻辑门的功能。逻辑门可进行与、或、非等逻辑运算，对应的也就有与门、或门、非门等基本逻辑门和基本逻辑门电路。

1. 与逻辑和与门电路

当决定一件事的所有条件都满足时，该件事才会发生，这种因果逻辑关系称为与逻辑。描述与逻辑关系的模型电路如图 8 – 2 所示。

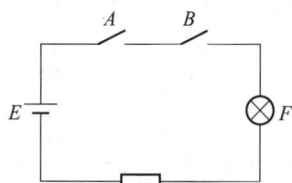

图 8 - 2　与逻辑电路

逻辑假定为：变量中用 1 来表示开关闭合，用 0 表示开关断开；函数中用 1 来表示灯亮，用 0 表示灯灭，则可得到与逻辑真值表（即将输入、输出状态全部放到一张表格内），见表 8 – 2。

与运算也称"逻辑乘"。逻辑乘的表达式为

$$F = A \cdot B \tag{8-1}$$

在数字电路中，凡输入和输出之间符合与运算关系的我们称它为与逻辑电路，也称为"与门电路"，简称"与门"，其符号如图 8 – 3 所示。

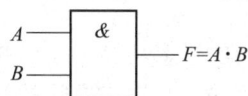

表 8 – 2　与逻辑真值表

A	B	$F = A \cdot B$
0	0	0
0	1	0
1	0	0
1	1	1

图 8 - 3　与逻辑符号

小提示

与逻辑功能为：输入有 0，输出为 0；输入全 1，输出为 1。

　　根据与门的逻辑功能，还可画出输入与输出间的波形；如图 8 - 4 所示。该图直观地描述了任意时刻输入与输出之间的对应关系及变化的情况。

　　2. 或逻辑和或门电路

　　当决定事物结果的几个条件中，只要有一个或一个以上条件得到满足，结果就会发生，这种逻辑关系称为或逻辑关系。描述或逻辑关系的模型电路如图 8 - 5 所示。

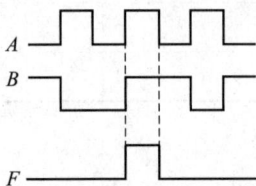

图 8 - 4　与门波形图

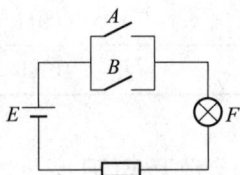

图 8 - 5　或逻辑电路

　　逻辑假定为：变量中用 1 来表示开关闭合，用 0 表示开关断开；函数中用 1 来表示灯亮，用 0 表示灯灭，则可得到或逻辑真值表，见表 8 - 3。

表 8 - 3　或逻辑真值表

A	B	$F = A + B$
0	0	0
0	1	1
1	0	1
1	1	1

　　或运算也称"逻辑加"。逻辑加的表达式为

$$F = A + B \qquad (8 - 2)$$

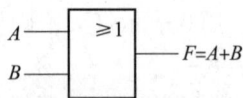

图 8 - 6　或逻辑符号

　　在数字电路中，凡输入和输出之间符合或运算关系的我们称它为或逻辑电路，也称为"或门电路"，简称"或门"。其符号如图 8 - 6 所示。

小提示

　　或逻辑功能为：输入有 1，输出为 1；输入全 0，输出为 0。

　　根据或门的逻辑功能，还可画出输入与输出间的波形，如图 8 - 7 所示。该图直观地描述了任意时刻输入与输出之间的对应关系及变化的情况。

　　3. 非逻辑和非门电路

　　"非逻辑"又称"逻辑非"，或者叫"逻辑反"。决定事物的结果与条件刚好相反，这种逻辑关系称为非逻辑关系。描述非逻辑关系的模型电路如图 8 - 8 所示。

　　逻辑假定为：变量中用 1 来表示开关闭合，用 0 表示开关断开；函数中用 1 来表示灯亮，用 0 表示灯灭，则可得到非逻辑真值表，见表 8 - 4。

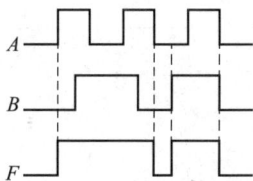

图 8 - 7　或门波形图

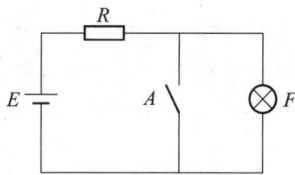

图 8 - 8　非逻辑电路

表 8 - 4　非逻辑真值表

A	$F = \overline{A}$
0	1
1	0

非运算也称"逻辑反"。逻辑反的表达式为

$$F = \overline{A} \qquad (8-3)$$

在数字电路中，凡输入和输出之间符合非运算关系的我们称它为非逻辑电路，也称为"非门电路"，简称"非门"。由于输入输出总是反相，所以通常也把非门叫作反相器。其符号如图 8 - 9 所示。

✎ **小提示**

非逻辑功能为：输入是 1，输出为 0；输入是 0，输出为 1。

根据非门的逻辑功能，还可画出输入与输出间的波形，如图 8 - 10 所示。

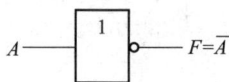

图 8 - 9　非逻辑符号

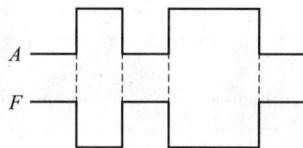

图 8 - 10　非门波形图

1.2.2　复合逻辑门电路

用"与""或""非"三种基本逻辑运算的各种不同组合可以构成"与非""或非""异或""同或"等复合逻辑，并构成相应的"复合门"。

1. 与非门

将"与门"和"非门"组合在一起可以构成"与非门"，或称"与非逻辑"。一个与非门有两个或两个以上的输入端和一个输出端，图 8 - 11 所示为两输入端与非门的逻辑符号，逻辑函数表达式为

$$F = \overline{A \cdot B} \qquad (8-4)$$

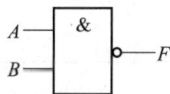

图 8 - 11　两输入端与非门逻辑符号

与非门的真值表见表 8 - 5。

表 8 - 5　与非门的真值表

A	B	$F = \overline{A \cdot B}$
0	0	1
0	1	1
1	0	1
1	1	0

2. 或非门

将"或门"和"非门"组合在一起可以构成"或非门"，或称"或非逻辑"。一个或非门有两个或两个以上的输入端和一个输出端，图8-12所示为两输入端或非门的逻辑符号，逻辑函数表达式为

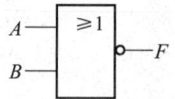

$$F = \overline{A + B} \qquad (8-5)$$

图 8-12 两输入端或非门逻辑符号

或非门的真值表见表8-6。

表 8-6　或非门的真值表

A	B	$F = \overline{A + B}$
0	0	1
0	1	0
1	0	0
1	1	0

3. 异或门

"异或门"也称"异或逻辑"，它是两个变量的逻辑函数。图8-13所示为异或门逻辑符号，逻辑函数表达式为

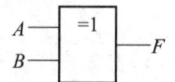

$$F = A \oplus B = \overline{A}B + A\overline{B} \qquad (8-6)$$

图 8-13　异或门逻辑符号

异或门的真值表见表8-7。

表 8-7　异或门的真值表

A	B	$F = A \oplus B$
0	0	0
0	1	1
1	0	1
1	1	0

4. 同或门

"异或"运算之后再进行"非"运算，则称为"同或"运算。实现"同或"运算的电路称为同或门。图 8-14 所示为同或门逻辑符号，逻辑函数表达式为

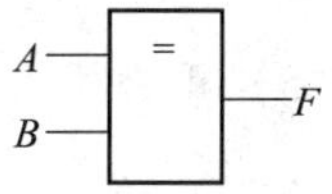

图 8-14 同或门逻辑符号

$$F = A \odot B = \overline{A \oplus B} = \bar{A}\bar{B} + AB \qquad (8-7)$$

同或门的真值表见表 8-8。

表 8-8 同或门的真值表

A	B	$F = A \odot B$
0	0	1
0	1	0
1	0	0
1	1	1

小提示

异或逻辑功能为：输入相同，输出为1；输入不同，输出为0。

1.2.3 布尔代数与逻辑函数化简

1. 布尔代数的基本公式

在布尔逻辑代数运算中，可运用一些定律，现将有关定律总结如下。

1）基本运算

$$A \cdot 1 = A$$
$$A \cdot 0 = 0$$
$$A \cdot A = A$$
$$A + 1 = 1$$
$$A + 0 = A$$
$$A + A = A$$
$$\bar{A} + A = 1$$

2）交换律

$$A \cdot B = B \cdot A$$
$$A + B = B + A$$

3）分配律

$$A \cdot (B + C) = A \cdot B + A \cdot C$$
$$A + B \cdot C = (A + B) \cdot (A + C)$$

4）结合律

$$A + B + C = (A + B) + C = A + (B + C)$$

$$A \cdot B \cdot C = (A \cdot B) \cdot C = A \cdot (B \cdot C)$$

5) 重叠律

$$A + A = A$$
$$A \cdot A = A$$

6) 吸收律

$$A + AB = A$$
$$A + \bar{A}B = A + B$$
$$A(A + B) = A$$
$$A(\bar{A} + B) = AB$$

7) 还原律

$$\bar{\bar{A}} = A$$

8) 冗余律

$$AB + \bar{A}C + BC = AB + \bar{A}C$$

9) 摩根定理

$$\overline{A + B} = \bar{A} \cdot \bar{B}$$
$$\overline{A \cdot B} = \bar{A} + \bar{B}$$

2. 逻辑函数的代数法化简

逻辑函数的化简就是使逻辑函数式最简，以便设计出最简的逻辑电路，从而节省元器件、优化生产工艺、降低成本和提高系统可靠性。

1) 并项法

运用基本公式，将两乘积项合并成一项，并消去一个变量。

例如：

$$F = A\bar{B}C + A\bar{B}\bar{C} = A\bar{B}$$
$$F = A(BC + \bar{B}\bar{C}) + A(B\bar{C} + \bar{B}C) = A\overline{B \oplus C} + A(B \oplus C) = A$$

2) 吸收法

运用基本公式，消去多余的项。

例如：

$$F = AB + AB(E + F) = AB$$
$$F = ABC + \bar{A}D + \bar{C}D + BD = ABC + D(\bar{A} + \bar{C}) + BD$$
$$= ACB + \overline{AC} \cdot D + BD = ACB + \overline{AC}D = ABC + \bar{A}D + \bar{C}D$$

3) 消去法

运用吸收律，消去多余因子。

例如：

$$F = AB + \bar{A}C + \bar{B}C = AB + (\bar{A} + \bar{B})C = AB + \overline{AB}C = AB + C$$
$$F = A\bar{B} + \bar{A}B + ABCD + \bar{A}\,\bar{B}CD = A\bar{B} + \bar{A}B + CD(AB + \bar{A}\,\bar{B})$$
$$= A \oplus B + CD\,\overline{A \oplus B} = A \oplus B + CD = A\bar{B} + \bar{A}B + CD$$

4) 配项法

运用基本运算，进行配项，然后再化简。

例如：

$$F = AB + \overline{B}\,\overline{C} + A\overline{C}D = AB + \overline{B}\,\overline{C} + A\overline{C}D(B + \overline{B})$$
$$= AB + \overline{B}\,\overline{C} + AB\overline{C}D + A\overline{B}\,\overline{C}D = AB + \overline{B}\,\overline{C}$$
$$F = \overline{ABC} + \overline{ABC}\ \overline{AB} = \overline{ABC} + \overline{ABC}\ \overline{AB} + \overline{AB}\,\overline{AB}$$
$$= \overline{AB}(\overline{AB} + \overline{C}) + \overline{ABC}\ \overline{AB} = \overline{ABC}$$
$$= \overline{A} + \overline{B} + \overline{C}$$

🔄 边学边练

例：$F = AC + \overline{A}D + \overline{B}D + B\overline{C}$

解：

$$F = AC + B\overline{C} + D(\overline{A} + \overline{B}) = AC + B\overline{C} + D\,\overline{AB}$$
$$= AC + B\overline{C} + AB + D\,\overline{AB} = AC + B\overline{C} + AB + D$$
$$= AC + B\overline{C} + D$$

3. 卡诺图化简

卡诺图是一种化简逻辑函数表达式的方法，如果仅仅使用基本定律和法则，复杂的表达式仍是不好化简的，而卡诺图可以帮助我们简化复杂表达式，从而以最小的逻辑门实现系统功能。

1）逻辑函数的卡诺图表示

（1）相邻最小项的概念。

相邻最小项：有逻辑相邻和几何相邻。

逻辑相邻：若两个最小项只有一个变量为互反变量，其余变量均相同，则这样的两个最小项为逻辑相邻，例如，最小项 ABC 和 $A\overline{B}C$ 就是相邻最小项。

几何相邻：几何相邻的情况如下。

相接——紧挨着；

相对——任意一行或一列的两头（即循环相邻性，也称滚转相邻性）。

（2）用卡诺图表示最小项。

最小项的卡诺图：将 n 个变量的 2^n 个最小项用 2^n 个小方格表示，并且使相邻最小项在几何位置上也相邻且循环相邻，这样排列得到的方格图称为 n 变量最小项卡诺图，简称为变量卡诺图。

（3）卡诺图的结构。

二变量、三变量、四变量的卡诺图如图 8 – 15 所示。其中"1"表示原变量；"0"表示反变量，"m_i"表示最小项。

（4）用卡诺图表示逻辑函数。

由于卡诺图与真值表一一对应，即真值表的某一行对应着卡诺图的某一小方格。因此如果真值表中的某一行函数值为"1"，卡诺图中对应的小方格填"1"；如果真值表中的某一行函数值为"0"，卡诺图中对应的小方格填"0"，即可以得到逻辑函数的卡诺图。

m_0 $\overline{A}\overline{B}$	m_1 $\overline{A}B$	m_3 AB	m_2 $A\overline{B}$

AB	00	01	11	10
0	1	3	2	

m_0 $\overline{A}\overline{B}\overline{C}$	m_1 $\overline{A}\overline{B}C$	m_3 $\overline{A}BC$	m_2 $\overline{A}B\overline{C}$
m_4 $A\overline{B}\overline{C}$	m_5 $A\overline{B}C$	m_7 ABC	m_6 $AB\overline{C}$

A \ BC	00	01	11	10
0	0	1	3	2
1	4	5	7	6

m_0 $\overline{A}\overline{B}\overline{C}\overline{D}$	m_1 $\overline{A}\overline{B}\overline{C}D$	m_3 $\overline{A}\overline{B}CD$	m_2 $\overline{A}\overline{B}C\overline{D}$
m_4 $\overline{A}B\overline{C}\overline{D}$	m_5 $\overline{A}B\overline{C}D$	m_7 $\overline{A}BCD$	m_6 $\overline{A}BC\overline{D}$
m_{12} $AB\overline{C}\overline{D}$	m_{13} $AB\overline{C}D$	m_{15} $ABCD$	m_{14} $ABC\overline{D}$
m_8 $A\overline{B}\overline{C}\overline{D}$	m_9 $A\overline{B}\overline{C}D$	m_{11} $A\overline{B}CD$	m_{10} $A\overline{B}C\overline{D}$

AB \ CD	00	01	11	10
00	0	1	3	2
01	4	5	7	6
11	12	13	15	14
10	8	9	11	10

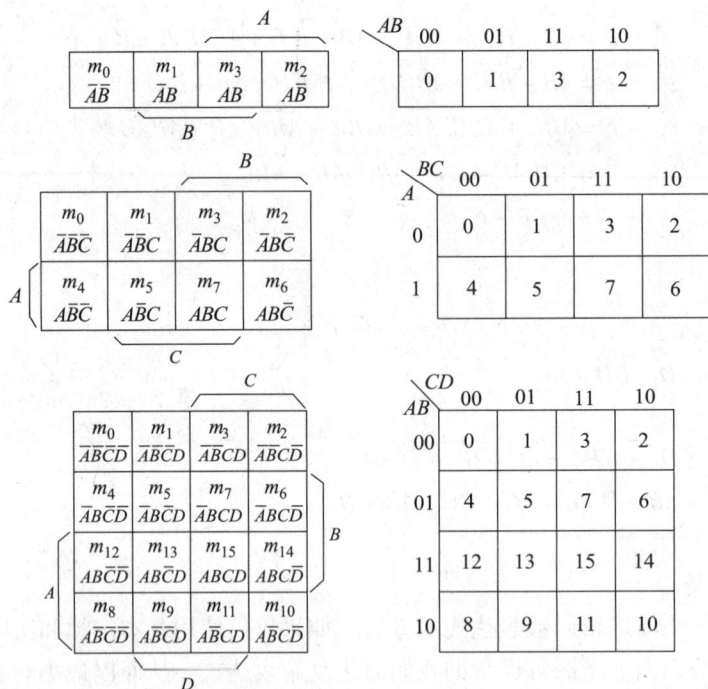

图 8 – 15　卡诺图结构

边学边练

例：某逻辑函数的真值表如下，用卡诺图表示该逻辑函数。

解：该函数为三变量，先画出三变量卡诺图，然后根据真值表将 8 个最小项 F 的取值 0 或者 1 填入卡诺图中对应的 8 个小方格中即可。

A	B	C	F
0	0	0	0
0	0	1	0
0	1	0	0
0	1	1	1
1	0	0	0
1	0	1	1
1	1	0	1
1	1	1	1

F \ A \ BC	00	01	11	10
0	0	0	1	0
1	0	1	1	1

例：用卡诺图表示逻辑函数 $F = \overline{A}\,\overline{B}\,\overline{C} + \overline{A}BC + AB\overline{C} + ABC$。

解：写成简化形式：$F = m_0 + m_3 + m_6 + m_7$，然后填入卡诺图：

2）逻辑函数的卡诺图化简法

卡诺图化简逻辑函数的原理是具有相邻性的最小项可以合并，并消去不同的因子，合并的结果为这些项的公因子。

用卡诺图化简逻辑函数的步骤如下：

（1）把给定的逻辑函数表达式填到卡诺图中。

（2）找出可以合并的最小项（画圈，一个圈代表一个乘积项）。

（3）写出合并后的乘积项，并写成"与–或"表达式。

小提示

化简依据：

（1）2 个相邻的最小项结合，2 项可以合并为 1 项，并消去 1 个不同的变量。

（2）4 个相邻的最小项结合，4 项可以合并为 1 项，并消去 2 个不同的变量。

（3）8 个相邻的最小项结合，8 项可以合并为 1 项，并消去 3 个不同的变量。

总之，2^n 个相邻的最小项结合，2^n 项可以合并为 1 项，并消去 n 个不同的变量。

边学边练

例：利用卡诺图化简。

解：

最终，化简表达式为

$$F = AB + BC$$

例：用卡诺图化简逻辑代数式 $F = AB + \overline{A}\,\overline{B}\,\overline{C} + A\overline{B}\,\overline{C}$。

解：首先通过逻辑表达式画卡诺图

最终，化简表达式为：$F = AB + \bar{B}\,\bar{C}$。

画圈的原则如下：

（1）圈的个数尽可能减少（因一个圈代表一个乘积项）。

（2）圈尽可能大（因圈越大可消去的变量越多，相应的乘积就越简）。

（3）每画一个圈至少包括一个新的"1"格，否则是多余的，所有的"1"都要被圈到。

任务 2　组合逻辑电路和时序逻辑电路

2.1　组合逻辑电路

对于数字逻辑电路，当其任意时刻的稳定输出仅仅取决于该时刻的输入变量的取值，而与过去的输出状态无关时，则称该电路为组合逻辑电路，简称组合电路。

组合逻辑电路的框图如图 8 – 16 所示，其输出信号的表达式可表示为

$$Z = f(A_1, A_2, \cdots, A_n) \quad (i = 1, 2, \cdots, n)$$

图 8 – 16　组合逻辑电路的框图

式中，A_1，A_2，$\cdots$，A_n 为输入逻辑变量。

组合电路的结构特点如下：

（1）输入、输出间没有时间延迟；

（2）电路中不含记忆单元，由门电路构成。

2.1.1　组合逻辑电路的分析

由给定的组合逻辑电路图通过一定的步骤推导出其功能的过程，称为组合逻辑电路的分析。

组合逻辑电路的分析步骤如下：

（1）由已知的逻辑图写出输出端逻辑表达式；

（2）变换和化简逻辑表达式；

（3）列真值表；

（4）根据真值表和逻辑表达式，确定其逻辑功能。

边学边练

例：分析下面逻辑图所示电路的逻辑功能。

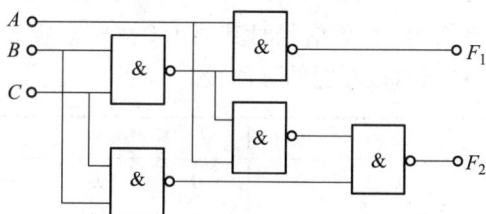

解:

(1) 逻辑表达式:

$$F_1 = \overline{A \cdot \overline{\overline{BC}}}$$

$$F_2 = \overline{\overline{A \cdot \overline{BC}} \cdot \overline{BC}}$$

(2) 最简与或表达式:

$$F_1 = \overline{A} + BC$$

$$F_2 = A \cdot \overline{\overline{BC}} + BC = A + BC$$

(3) 列真值表:

A	B	C	F_1	F_2
0	0	0	1	0
0	0	1	1	0
0	1	0	1	0
0	1	1	1	1
1	0	0	0	1
1	0	1	0	1
1	1	0	0	1
1	1	1	1	1

(4) 电路的逻辑功能:

由真值表可知,当 3 个输入变量 A、B、C 表示的二进制数小于或等于 2 时,$F_1 = 1$;当这个二进制数在 4 和 6 之间时,$F_2 = 1$;而当这个二进制数等于 3 或等于 7 时 F_1 和 F_2 都为 1。因此,这个逻辑电路可以用来判别输入的 3 位二进制数数值的范围。

2.1.2　组合逻辑电路的设计

根据设计要求,设计出符合需要的组合逻辑电路,并画出组合逻辑电路图,这个过程称为组合逻辑电路的设计。

📖 边学边练

例: 使用与非门设计一个 3 输入、3 输出的组合逻辑电路。输出 F_1、F_2、F_3 为 3 个工作台,由 3 个输入信号 A、B、C 控制,每个工作台必须接收到两个信号才能工作:当 A、B 有信号时 F_1 工作,B、C 有信号时 F_2 工作,C、A 有信号时 F_3 工作。

解:

设 A、B、C 有信号时其值为 1，无信号时其值为 0；F_1、F_2、F_3 工作时其值为 1，不工作时其值为 0。根据要求，可列出该问题的真值表。

A	B	C	F_1	F_2	F_3
0	0	0	0	0	0
0	0	1	0	0	0
0	1	0	0	0	0
0	1	1	0	1	0
1	0	0	0	0	0
1	0	1	0	0	1
1	1	0	1	0	0
1	1	1	1	1	1

逻辑表达式：

$$F_1 = AB\overline{C} + ABC = AB$$
$$F_2 = \overline{A}BC + ABC = BC$$
$$F_3 = A\overline{B}C + ABC = CA$$

最简表达式：

$$F_1 = AB$$
$$F_2 = BC$$
$$F_3 = CA$$

逻辑图：

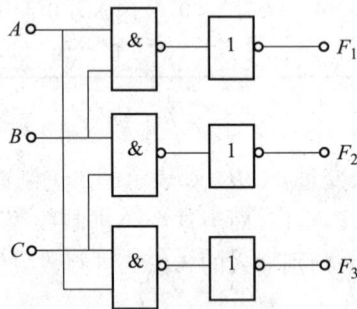

2.1.3 常用组合逻辑电路

1. 编码器

在数字系统中，常常需要将某一信息变换成某一特定的代码输出，这种将特定含义的输入信号（如数字、某种文字、符号等）转换成输出端二进制代码的过程，称为编码。具有编码功能的逻辑电路称为编码器。

1）二进制编码器

用 n 位二进制代码来表示 2^n 个信号的电路称为二进制编码器，它属于普通编码器。3 位二进制编码器有 8 个输入端，3 个输出端，所以常称为 8 线 - 3 线编码器。其功能真值表见表 8 - 9。

表 8 - 9　3 位二进制编码器功能真值表

十进制数	输入								输出		
	I_7	I_6	I_5	I_4	I_3	I_2	I_1	I_0	Y_2	Y_1	Y_0
0	0	0	0	0	0	0	0	1	0	0	0
1	0	0	0	0	0	0	1	0	0	0	1
2	0	0	0	0	0	1	0	0	0	1	0
3	0	0	0	0	1	0	0	0	0	1	1
4	0	0	0	1	0	0	0	0	1	0	0
5	0	0	1	0	0	0	0	0	1	0	1
6	0	1	0	0	0	0	0	0	1	1	0
7	1	0	0	0	0	0	0	0	1	1	1

由真值表可得出 3 位二进制编码器输出信号的逻辑表达式：

$$Y_2 = I_4 + I_5 + I_6 + I_7 = \overline{\overline{I_4}\ \overline{I_5}\ \overline{I_6}\ \overline{I_7}}$$

$$Y_1 = I_2 + I_3 + I_6 + I_7 = \overline{\overline{I_2}\ \overline{I_3}\ \overline{I_6}\ \overline{I_7}}$$

$$Y_0 = I_1 + I_3 + I_5 + I_7 = \overline{\overline{I_1}\ \overline{I_3}\ \overline{I_5}\ \overline{I_7}}$$

2）二 - 十进制编码器

二 - 十进制编码器是将十进制的 10 个数码 0、1、2、3、4、5、6、7、8、9（或其他十个信息）编成二进制代码的逻辑电路。这种二进制代码又称为二 - 十进制代码，简称 BCD 码。二 - 十进制编码器是 10 线 - 4 线编码器，即有 10 个输入端，4 个输出端。其功能真值表见表 8 - 10。

表 8 - 10　二 - 十进制编码器功能真值表

十进制数	输入										输出			
	I_9	I_8	I_7	I_6	I_5	I_4	I_3	I_2	I_1	I_0	Y_3	Y_2	Y_1	Y_0
0	0	0	0	0	0	0	0	0	0	1	0	0	0	0
1	0	0	0	0	0	0	0	0	1	0	0	0	0	1
2	0	0	0	0	0	0	0	1	0	0	0	0	1	0
3	0	0	0	0	0	0	1	0	0	0	0	0	1	1
4	0	0	0	0	0	1	0	0	0	0	0	1	0	0
5	0	0	0	0	1	0	0	0	0	0	0	1	0	1
6	0	0	0	1	0	0	0	0	0	0	0	1	1	0
7	0	0	1	0	0	0	0	0	0	0	0	1	1	1
8	0	1	0	0	0	0	0	0	0	0	1	0	0	0
9	1	0	0	0	0	0	0	0	0	0	1	0	0	1

由真值表可得出二 – 十进制编码器输出信号的逻辑表达式：

$$Y_3 = I_8 + I_9 = \overline{\overline{I_8} \ \overline{I_9}}$$

$$Y_2 = I_4 + I_5 + I_6 + I_7 = \overline{\overline{I_4} \ \overline{I_5} \ \overline{I_6} \ \overline{I_7}}$$

$$Y_1 = I_2 + I_3 + I_6 + I_7 = \overline{\overline{I_2} \ \overline{I_3} \ \overline{I_6} \ \overline{I_7}}$$

$$Y_0 = I_1 + I_3 + I_5 + I_7 + I_9 = \overline{\overline{I_1} \ \overline{I_3} \ \overline{I_5} \ \overline{I_7} \ \overline{I_9}}$$

2. 译码器

译码是编码的逆过程，译码器的功能是将输入的二进制代码译成与代码对应的输出信号。实现译码功能的数字电路称为译码器。译码器分为变量译码器和显示译码器。

1）3 位二进制译码器

设二进制译码器的输入端为 n 个，则输出端为 2^n 个，且对应于输入代码的每一种状态，2^n 个输出中只有一个为 1（或为 0），其余全为 0（或为 1）。若输入是 n 位二进制代码，译码器必然是 2^n 根输出线。因此，2 位二进制译码器有 4 根输出线，又称 2 线 – 4 线译码器。3 位二进制译码器有 8 根输出线，又称 3 线 – 8 线译码器。

74LS138 是由 TTL 与非门组成的 3 线 – 8 线译码器。图 8 – 17 所示为 74LS138 逻辑图与符号图。

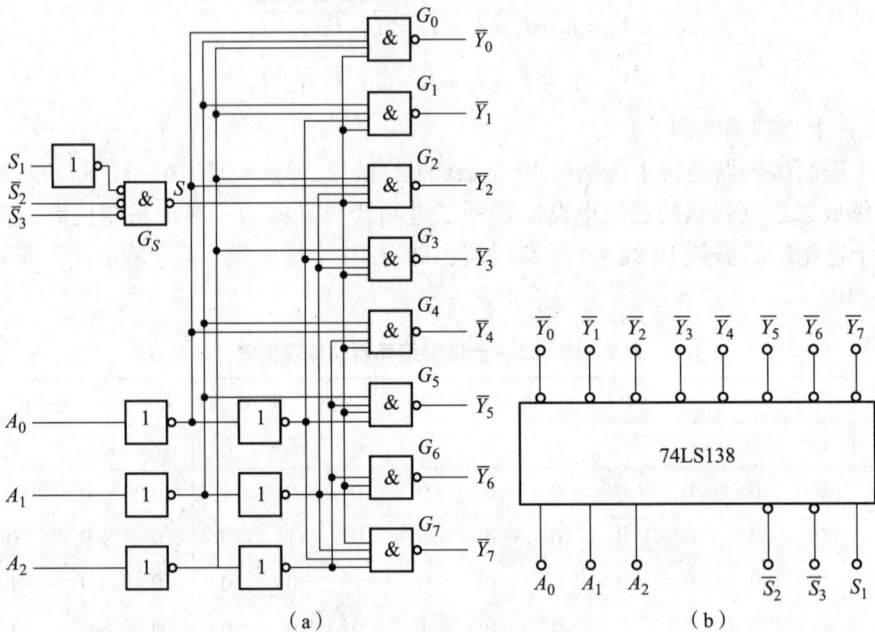

图 8 – 17　74LS138 逻辑图与符号图
(a) 逻辑图；(b) 符号图

A_2、A_1、A_0 为二进制译码输入端，$Y_7 \sim Y_0$ 为译码输出端（低电平有效），控制端 S_1（高电平有效）、$S_2 \sim S_3$（低电平有效），表 8 – 11 所示为集成芯片 74LS138 译码器逻辑功能表。

表 8 – 11　集成芯片 74LS138 译码器逻辑功能表

| 输　入 | | | | | 输　出 | | | | | | | |
| 使能 | | 选择 | | | | | | | | | | |
S_1	$\overline{S_2}+\overline{S_3}$	A_2	A_1	A_0	$\overline{Y_7}$	$\overline{Y_6}$	$\overline{Y_5}$	$\overline{Y_4}$	$\overline{Y_3}$	$\overline{Y_2}$	$\overline{Y_1}$	$\overline{Y_0}$
×	1	×	×	×	1	1	1	1	1	1	1	1
0	×	×	×	×	1	1	1	1	1	1	1	1
1	0	0	0	0	1	1	1	1	1	1	1	0
1	0	0	0	1	1	1	1	1	1	1	0	1
1	0	0	1	0	1	1	1	1	1	0	1	1
1	0	0	1	1	1	1	1	1	0	1	1	1
1	0	1	0	0	1	1	1	0	1	1	1	1
1	0	1	0	1	1	1	0	1	1	1	1	1
1	0	1	1	0	1	0	1	1	1	1	1	1
1	0	1	1	1	0	1	1	1	1	1	1	1

2）二 – 十进制译码器（BCD 译码器）

把二 – 十进制代码翻译成 10 个十进制数字信号的电路，称为二 – 十进制译码器。

二 – 十进制译码器的输入是十进制数的 4 位二进制编码（BCD 码），分别用 A_3、A_2、A_1、A_0 表示；输出的是与 10 个十进制数字相对应的 10 个信号，用 $Y_9 \sim Y_0$ 表示。由于二 – 十进制译码器有 4 根输入线，10 根输出线，所以又称为 4 线 – 10 线译码器。图 8 – 18 所示为 BCD 码输入的 4 线 – 10 线译码器 74HC42 的逻辑符号及引脚图。

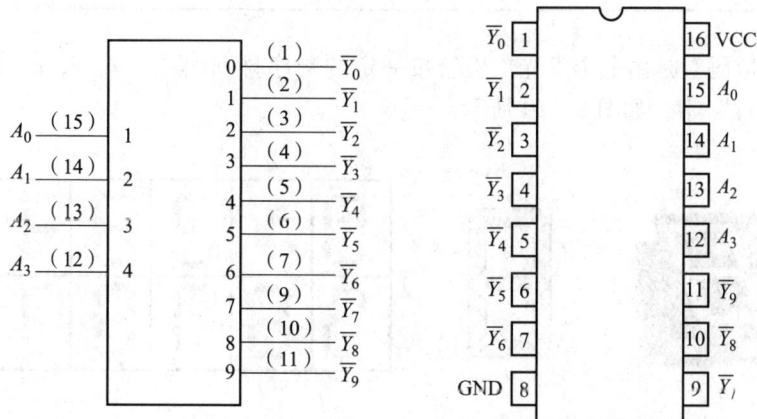

图 8 – 18　74HC42 的逻辑符号及引脚图

74HC42 译码器真值表见表 8 – 12。由表 8 – 12 知，当输入端出现 1010～1111 六组无效数码（伪数码）时，输出端全部为高电平 1，所以该电路具有拒绝无效数码输入的功能。若将最高位输入 A_3 看作使能端，则该电路可当作 3 – 8 线译码器使用。

3）显示译码器

在数字系统中，常常需要将译码后所获得的结果或数据直接以十进制数字的形式显示出来。为此，需要首先将二－十进制代码送入译码器，用译码器的输出去驱动显示部件。具有这种功能的译码器称为显示译码器。

常见的数码显示器有许多种形式，它的主要作用是用来显示数字和符号，如发光二极管数码管（LED）、液晶数码管（LCD）、荧光数码管等。

表 8－12　74HC42 译码器真值表

	输入				输出									
	A_3	A_2	A_1	A_0	$\overline{Y}_0$	$\overline{Y}_1$	$\overline{Y}_2$	$\overline{Y}_3$	$\overline{Y}_4$	$\overline{Y}_5$	$\overline{Y}_6$	$\overline{Y}_7$	$\overline{Y}_8$	$\overline{Y}_9$
	0	0	0	0	0	1	1	1	1	1	1	1	1	1
	0	0	0	1	1	0	1	1	1	1	1	1	1	1
	0	0	1	0	1	1	0	1	1	1	1	1	1	1
	0	0	1	1	1	1	1	0	1	1	1	1	1	1
	0	1	0	0	1	1	1	1	0	1	1	1	1	1
	0	1	0	1	1	1	1	1	1	0	1	1	1	1
	0	1	1	0	1	1	1	1	1	1	0	1	1	1
	0	1	1	1	1	1	1	1	1	1	1	0	1	1
	1	0	0	0	0	1	1	1	1	1	1	1	0	1
	1	0	0	1	1	1	1	1	1	1	1	1	1	0
	1	0	1	0	1	1	1	1	1	1	1	1	1	1
伪码	1	0	1	1	1	1	1	1	1	1	1	1	1	1
伪码	1	1	0	0	1	1	1	1	1	1	1	1	1	1
伪码	1	1	0	1	1	1	1	1	1	1	1	1	1	1
伪码	1	1	1	0	1	1	1	1	1	1	1	1	1	1
伪码	1	1	1	1	1	1	1	1	1	1	1	1	1	1

LED 七段数码管是由七个发光二极管按一定的顺序排列而成。*a*，*b*，*c*，*d*，*e*，*f*，*g* 七段组成一个“日”字，如图 8－19 所示。

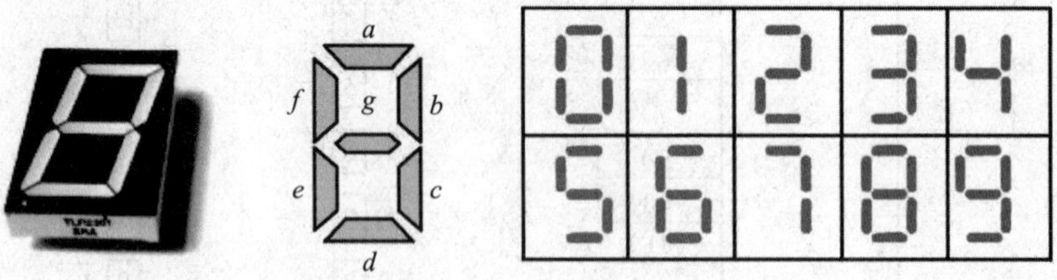

图 8－19　七段数码显示器

连接方式分为共阴极方式与共阳极方式，如图 8－20 所示。采用共阴极方式时，如图 8－20（a）所示，译码器输出高电平可以驱动相应二极管发光显示；采用共阳极方式时，如图 8－20（b）所示，译码器输出低电平可以驱动相应二极管发光显示。

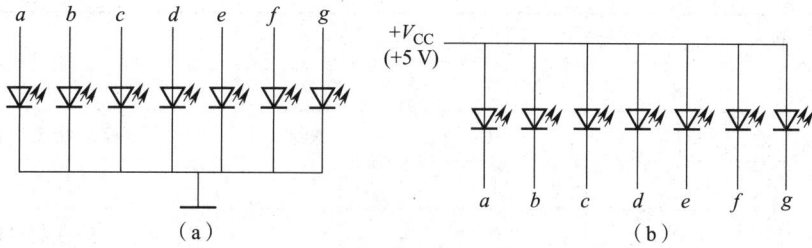

图 8-20　数码管内部的发光二极管电路

(a) 共阴极；(b) 共阳极

> **小提示**
>
> 显示译码器就是专门用来驱动数码管工作的，常用的集成 BCD 码七段显示译码器的种类很多，如 74LS47、74LS48、CC4511 等多种型号。

2.2　时序逻辑电路

时序逻辑电路简称时序电路，它由逻辑门电路和触发器组成，是一种具有记忆功能的逻辑电路。其输出状态不仅与该时刻的输入变量有关，而且与过去的输出状态有关。

锁存器与触发器是两类典型的双稳态器件。双稳态器件有两个稳定的状态，分别为置位和复位，或者说是 1 和 0。由于双稳态器件可以永久地保存在 1 或 0 上，所以特别适合构成存储器。

2.2.1　锁存器

锁存器是一种双稳态器件，或者说是多谐振荡器。图 8-21 所示为 $\bar{S}-\bar{R}$ 锁存器结构，由两个与非门交叉耦合组成，$\bar{S}$ 和 $\bar{R}$ 是信号输入端，Q 和 $\bar{Q}$ 为输出端。$\bar{S}-\bar{R}$ 锁存器中任意一个与非门的输出与另一个与非门的输入相连以形成负反馈——这是所有锁存器和触发器的特征所在。

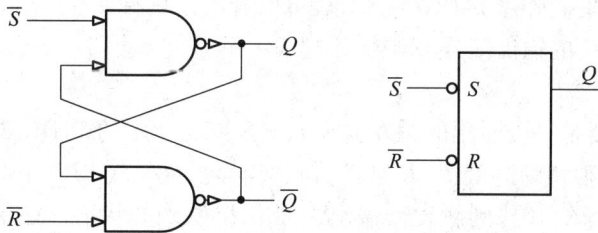

图 8-21　$\bar{S}-\bar{R}$ 锁存器

在正常条件下两个输出端 Q 和 $\bar{Q}$ 状态相反。一般用输出端 Q 代表锁存器的输出，即当 $Q=1$ 时，锁存器为置位状态；当 $Q=0$ 时，锁存器为复位状态。表 8-13 所示为 $\bar{S}-\bar{R}$ 锁存器真值表。

表 8 – 13 $\overline{S} - \overline{R}$ 锁存器真值表

输入		输出		解释
$\overline{S}$	$\overline{R}$	Q	$\overline{Q}$	
1	1	NC	NC	锁存器状态保持不变
0	1	1	0	锁存器置位
1	0	0	1	锁存器复位
0	0	1	1	非法

2.2.2 边沿触发器

与锁存器不同,边沿触发器多了一个时钟脉冲输入端(CP),并只会在时钟脉冲的上升沿或下降沿中翻转。

1. 边沿 D 型触发器

边沿 D 型触发器(74HC74)如图 8 – 22 所示,其基本功能为:当置位端 $\overline{SD}$ 和复位端 $\overline{RD}$ 都等于 1 时为触发模式,此时输出 Q 将在时钟脉冲输入端 CP 出现上升沿(↑)时翻转至与输入端 D 相同的状态。

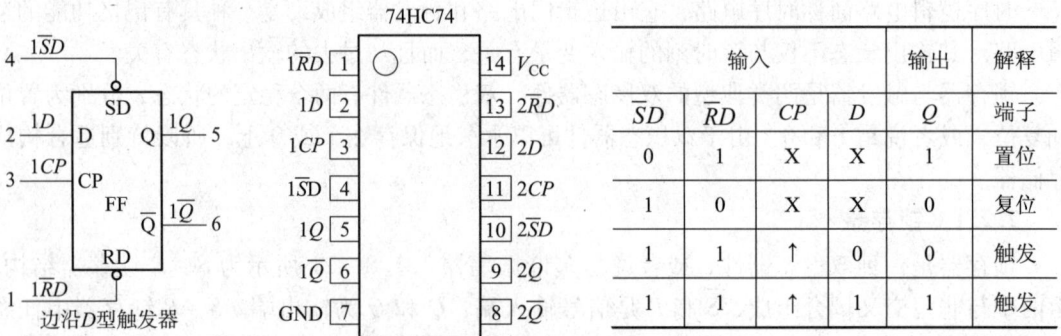

输入				输出	解释
$\overline{SD}$	$\overline{RD}$	CP	D	Q	端子
0	1	X	X	1	置位
1	0	X	X	0	复位
1	1	↑	0	0	触发
1	1	↑	1	1	触发

图 8 – 22 边沿 D 触发器

从图 8 – 22 中的集成芯片 74HC74 真值表可以看出,只有处在时钟脉冲上升沿时触发器才会翻转,且翻转之后的输出信号 Q 与输入端 D 一致。

2. 边沿 $J – K$ 触发器

边沿 $J – K$ 触发器是一类通用的触发器,如图 8 – 23 所示的 74HC73 为下降沿触发 $J – K$ 触发器(内部有两个独特的边沿 $J – K$ 触发器),当异步复位端 $n\overline{R} = 1$ 时 74HC73 正常工作,此时如果输入端 $nJ = nK = 0$,则触发器输出端 Q 保持原来的状态;如果输入端 $nJ = nK = 1$,则触发器输出端 Q 与原来的状态相反。

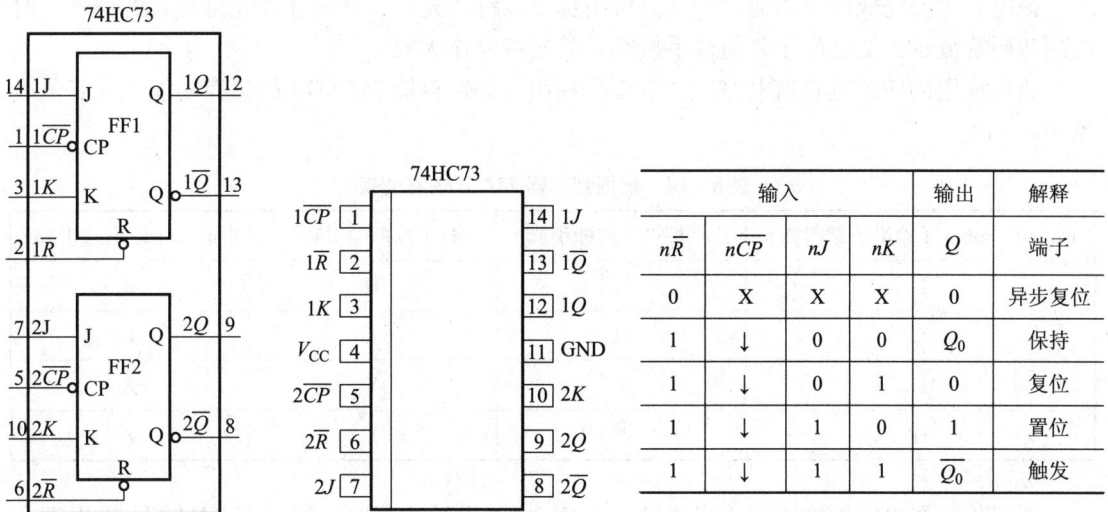

输入				输出	解释
$n\overline{R}$	$n\overline{CP}$	nJ	nK	Q	端子
0	X	X	X	0	异步复位
1	↓	0	0	Q_0	保持
1	↓	0	1	0	复位
1	↓	1	0	1	置位
1	↓	1	1	$\overline{Q_0}$	触发

图 8 – 23　边沿 J – K 触发器

任务3　四路抢答器电路工作原理分析

四路抢答器电路如图 8 – 24 所示。该电路选用 1 片 8 位数据锁存器 74LS373，1 个 2 – 4 输入与非门 CD4012，4 个按键开关 S1 ~ S4，4 组抢答有效的状态显示数码管 LED1 ~ LED4，一个复位按键开关 S5 等组成。抢答器同时供四名选手比赛，分别用四个按钮 S1 ~ S4 表示。设置一个系统清除和抢答控制开关 S5，该开关由主持人控制，抢答器具有锁存与显示功能，即选手按动按钮，锁存相应的编码，并在 LED 数码管上显示，抢答选手的编号一直保持到主持人将系统清除为止。

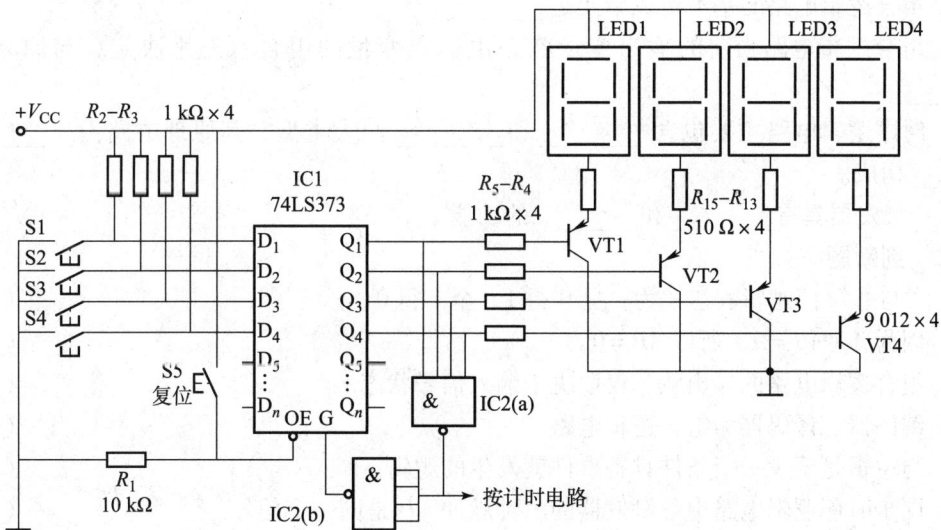

图 8 – 24　四路抢答器电路

该电路主要完成两个功能：一是分辨出选手按键的先后，并锁存优先抢答者的编号，对应的数码管显示；二是禁止其他选手按键，其按键操作无效。

我们采用的四路抢答器电路中，主要是利用数据锁存器 74LS373 的锁存功能。其真值表见表 8–14。

表 8–14 数据锁存器 74LS373 真值表

Output Control（输出控制引脚）	Enable G（使能引脚）	D（数据端引脚）	Output（输出端引脚）
L	H	H	H
L	H	L	L
L	L	X	Q_0
H	X	X	Z

四路抢答器电路工作原理：当按键开关 S1～S4 未被按下时，锁存器 74LS373 输出端全为高电平，PNP 三极管不导通，数码管不显示。当按键开关 S1～S4 有一个按键被按下，锁存器 74LS373 相应输入端被拉低，从而输出端也被置低，此时 PNP 三极管导通，相应位数码管显示，实现抢答功能。锁存器 74LS373 输出端通过两个与非门实现锁存控制，防止出现其他按键再被按下的情况。

项目自测

一、填空题

1. 在正逻辑的约定下，"1" 表示_____电平，"0" 表示_____电平。

2. 组合逻辑电路的输出仅与_____有关。

3. 时序逻辑电路的输出不仅与该电路当前的_____信号有关，还与_____有关。

4. 组合逻辑电路的基本组成单元是_____。

5. 组合逻辑电路当前的输出变量状态由输入变量的组合状态来决定，与原来状态_____。

6. 时序逻辑电路主要包含_____和_____两大类型，其原理电路由_____和_____构成。

7. D 触发器具有_____和_____的功能。

二、判断题

1. "与非" 门逻辑表达式为：见 0 得 1，全 1 得 0。　　　　　　　　　　（　　）

2. 因为 $A + AB = A$，所以 $AB = 0$。　　　　　　　　　　　　　　　（　　）

3. 组合逻辑电路的输出状态仅取决于输入信号状态。　　　　　　　　　（　　）

4. 编码器、译码器为组合逻辑电路。　　　　　　　　　　　　　　　　（　　）

5. 与逻辑是至少一个条件具备事件就发生的逻辑。　　　　　　　　　　（　　）

6. 同步时序逻辑电路中各触发器的时钟脉冲 CP 是同一个信号。　　　　（　　）

7. F 等于 A 和 B 的异或，其表达式是 $F = A + B$。　　　　　　　　（　　）

8. 8421 码 0001 比 1001 大。　　　　　　　　　　　　　　　　　　　（　　）

9. 常见的数制有二进制、八进制、十进制、十六进制。（　　　）

三、选择题

1. 逻辑代数式 $F = A + B$ 属于（　　　）。

A. 与非门电路　　　　　　　　　　　B. 或非门电路

C. 与门电路　　　　　　　　　　　　D. 或门电路

2. 或非门的逻辑功能为（　　　）。

A. 入 0 出 0，全 1 出 1　　　　　　　B. 入 1 出 1，全 0 出 0

C. 入 0 出 1，全 1 出 0　　　　　　　D. 入 1 出 0，全 0 出 1

3. 符合"或"关系的表达式是（　　　）。

A. $1 + 1 = 2$　　　　B. $1 + 1 = 10$　　　　C. $1 + 1 = 1$　　　　D. $1 + 1 = 0$

4. 逻辑函数中的逻辑"与"和它对应的逻辑代数运算关系为（　　　）。

A. 逻辑加　　　　　　B. 逻辑乘　　　　　　C. 逻辑非

5. 十进制数 100 对应的二进制数为（　　　）。

A. 1011110　　　　　B. 1100010　　　　　C. 1100100　　　　　D. 11000100

6. 一个两输入端的门电路，当输入为 1 和 0 时，输出不是 1 的门是（　　　）。

A. 与非门　　　　　　B. 或门　　　　　　　C. 或非门　　　　　　D. 异或门

7. 数字电路中使用的数制是（　　　）。

A. 二进制　　　　　　B. 八进制　　　　　　C. 十进制　　　　　　D. 十六进制

8. 和逻辑式 $\overline{AB}$ 表示不同逻辑关系的逻辑式是（　　　）。

A. $\overline{A} + \overline{B}$　　　　B. $\overline{A} \cdot \overline{B}$　　　　C. $\overline{A} \cdot B + \overline{B}$　　　　D. $\overline{AB} + \overline{A}$

9. 以下描述一个逻辑函数中，（　　　）只能唯一表示。

A. 表达式　　　　　　B. 逻辑图　　　　　　C. 真值表　　　　　　D. 波形图

四、计算题

1. 将下列十进制数转换成 8421BCD 码

（1）$(3921)_{10}$　　　　　　　　　　　（2）$(541)_{10}$

2. 将下列十进制转化为二进制，或将二进制转化为十进制

（1）$(31)_{10}$　　　　　　　　　　　　（2）$(27)_{10}$

（3）$(27)_{10}$　　　　　　　　　　　　（4）$(110101)_{2}$

（5）$(1101)_{2}$　　　　　　　　　　　　（6）$(110101)_{2}$

3. 用代数法化简下列逻辑函数

（1）$\overline{A}\,\overline{B}C + \overline{A}BC + AB\overline{C} + \overline{A}\,\overline{B}\,\overline{C} + ABC$

（2）$A + \overline{B}\overline{C} + AB + \overline{B}CD$

（3）$(A+B)\,C + \overline{A}C + \overline{AB + \overline{B}C}$

参 考 文 献

[1] 彭晓黎，周安华. 电工电子技术基础 [M]. 南京：东南大学出版社，2017.
[2] 洪洁. 电工电子技术与技能 [M]. 北京：机械工业出版社，2016.
[3] 王桂琴. 电工电子技术 [M]. 北京：机械工业出版社，2015.
[4] 章喜才. 电工电子技术及应用 [M]. 北京：机械工业出版社，2015.
[5] 祝瑞花，栾秋平，李乃夫. 电工电子技术 [M]. 北京：高等教育出版社，2014.
[6] 刘志平，苏永昌. 电工基础 [M]. 北京：高等教育出版社，2014.
[7] 范国伟. 电子技术基础 [M]. 北京：电子工业出版社，2008.